德国国家实验室体系的发展历程

——德国亥姆霍兹联合会的前世今生

德国亥姆霍兹联合会　编
译者　何　宏　徐　然
　　　黄　群　葛春雷
审校　李晓轩　汤超颖
　　　何　宏

科学出版社
北　京

内 容 简 介

德国亥姆霍兹联合会是由 18 家国家研究中心组成的欧洲最大的科研机构。亥姆霍兹联合会负责运行德国重大科技基础设施，瞄准中长期国家战略科技任务，开展前瞻性的综合性应用基础科学研究。本书回顾了德国亥姆霍兹联合会大科学研究的起源和各大科学研究中心成立的历史，揭示了从协调和管理这些大型国家研究中心而出现的内部工作组，到组成体现共同价值利益的大科学中心协会，最后发展为实现科学团体自治管理的亥姆霍兹联合会的全过程。

本书的读者对象主要为关注国立科研机构管理、重大科学基础设施管理及国家实验室建设的政府部门、科研资助机构、科研院所及高校科技管理人员，以及对德国科研体系和布局感兴趣的科研人员和其他读者朋友。

审图号：GS（2018）4418 号

图书在版编目（CIP）数据

德国国家实验室体系的发展历程：德国亥姆霍兹联合会的前世今生 / 德国亥姆霍兹联合会编；何宏等译 .—北京：科学出版社，2019.1

ISBN 978-7-03-059242-2

Ⅰ. ①德…　Ⅱ. ①德…　②何…　Ⅲ. ①科学研究组织机构—实验室—研究—德国　Ⅳ. ① N245. 16

中国版本图书馆CIP数据核字（2018）第244933号

责任编辑：李轶冰 / 责任校对：彭　涛

责任印制：赵　博 / 封面设计：无极书装

科学出版社出版

北京东黄城根北街 16 号

邮政编码：100717

http://www.sciencep.com

北京建宏印刷有限公司印刷

科学出版社发行　各地新华书店经销

*

2019年1月第　一　版　开本：787 × 1092　1/16

2025年1月第三次印刷　印张：10

字数：300 000

定价：150.00元

（如有印装质量问题，我社负责调换）

序　　一

中国科学院是中国科技事业对外开放的先行者，也是中国科技界在国际科技舞台上的主要代表。特别是改革开放以来，中国科学院坚持走开放合作道路，逐步融入全球创新网络，不断提升中国在全球创新格局中的地位和影响力。在中国与联邦德国于 1972 年建立外交关系后不久，中国科学院就与德国主要国家科研机构建立起经常性的双边关系。1978 年 1 月，中国科学院选派了高能物理研究所和中国科学技术大学的 10 名科技人员到联邦德国汉堡电子同步加速器研究所（现在是亥姆霍兹联合会下属的一个研究中心）进修。这也是“文化大革命”后中国对外派出的第一批科技进修人员。

中国科学院与德国亥姆霍兹联合会有着相似的使命。与亥姆霍兹联合会的研究中心负责运行德国主要大型科研设施一样，中国科学院建设和运行着中国 60% 以上的国家重大科技基础设施。中国科学院的北京正负电子对撞机、上海光源、合肥同步辐射装置、中国遥感卫星地面站、长短波授时系统、超导托卡马克核聚变实验装置、500 米口径球面射电望远镜（FAST）、中国散裂中子源等大科学装置，为多学科前沿研究提供了先进的实验平台，极大提升了中国基础科学研究水平，提升了参与和主导国际科技合作的能力。德国亥姆霍兹联合会具有很高的科学水平和管理能力，其大型科研设施在国际上占有极其重要的地位。

自 20 世纪 70 年代后期始，中国科学院与德国亥姆霍兹联合会在大科学装置研究方面的交流合作日益密切，特别是与亥姆霍兹联合会的汉堡电子同步加速器中心（DESY）、达姆斯达特重离子研究中心（GSI）、于利希中心（FZJ）等的合作尤为深入。双方联合开展了大量大型科研装备的研制安装，联合进行大型科学实验，共同培养了青年科学家。双方科学家的交流合作成效显著，既有德方专家获得中国长城友谊奖，也有陈和生院士、李建刚院士等多位中国科学院科学家获得亥姆霍兹国际合作交流奖。

进入 21 世纪之后，中国科学院与德国亥姆霍兹联合会于 2008 年签署了双边合作协议。2011 年，双方在框架合作协议基础上，签署了共同选拔和联合资助“伙伴团队研究计划”合作备忘录，决定在能源、健康、地球与环境、关键技术、物质结构以及航空、航天与交通领域合作开展项目研究，包括共同进行项目招标、评审和联合资助。项目执行了三期，共资助了 15 个联合科研团队。

当前，世界各国在能源、资源、环境和气候变化等方面，面临着共同的重大挑战。中德两国政府首脑频繁互访，两国作为战略合作伙伴对于世界经济和科技走向具有重要的影响力。习近平总书记于 2015 年提出，中国要在若干重大创新领域组建国家实验室，特别提到应借鉴德国亥姆霍兹联合会等机构的成功经验。这些都为中国科学院和德国亥姆霍兹联合会的合作在新时代迈上新台阶提供了新的良机。

改革开放以来，中国科学院一直紧密围绕国家经济建设和社会发展要求，主动适应世界科技发展趋势，持续凝练战略重点和科技目标，调整优化组织结构和领域、区域科技布局，推进科研院所管理改革和治理体系建设。目前，中国科学院正在按照习近平总书记提出的“率先实现科学技术跨越发展，率先建成国家创新人才高地，率先建成国家高水平科技智库，率先建设国际一流科研机构”的要求，实施“率先行动”计划。作为国家战略科技力量，中国科学院将牢记习近平总书记的重托，全面深化改革，不断扩大开放，充分发挥重大科技基础设施集中的优势，力争在国家实验室建设方面率先实践、创造经验。

中国科学院科技战略咨询研究院李晓轩研究员和德国亥姆霍兹联合会北京代表处何宏博士一起组织翻译出版的这本书，作为亥姆霍兹联合会成立二十周年时精心推出的一本全景式读物，介绍了亥姆霍兹联合会的发展历史、组织构成及其现有 18 个大科学研究中心的领域布局，特别是通过与历任联合会会长、主席对话访谈的形式描绘了亥姆霍兹联合会在发展过程中遇到的各种挑战和对策，不仅有成功经验交流，也有探索过程中教训的展示。这些内容除了有利于我们了解亥姆霍兹联合会，进一步开展双边合作之外，也对我国科技政策和管理、特别是国家实验室建设具有重要的参考价值。

中国科学院院长

2019 年 1 月

序　二

亲爱的中国读者：

我十分高兴地代表德国亥姆霍兹联合会向各位推荐您手中的这本画册，它全面回顾了亥姆霍兹联合会在德国科研体系中发展壮大的历程。

德国亥姆霍兹联合会是德国最大的国立科研机构，它由具有明确战略任务定位、以多学科综合和跨学科研究为特点的国家实验室与独到的大型科研设施共同构成。我们致力于为社会重大挑战找到解决方案。通过我们这些国际领先的研究中心，我们致力于吸引最聪明的科学人才并为之提供最好的条件，同时强调把科研成果应用于经济和社会发展。

这本画册描述了亥姆霍兹体系 18 个国家研究中心的产生与发展过程，并着重介绍了原本各自独立、学科分散的机构怎样逐步走到一起汇集成一支国家层面的科研队伍，并于 1995 年形成亥姆霍兹联合会。此后，我们成为德国科研体系中的一家独特的机构，项目导向的经费资助模式提升了我们科研中心之间的合作与竞争。我们重点解决社会、经济和科技的重大挑战，并为此开展国际前沿的系统研究和倡导卓越科研。

作为德国最大的科研机构，亥姆霍兹联合会现由 18 个德国国家实验室构成，其年度科技经费超过 45 亿欧元。各研究中心的科研经费之中，70% 是由联邦政府和所在地州政府直接划拨的基础科技经费，另外约 30% 的科研经费属于第三方竞争性经费。全体员工约为 4 万人。部分亥姆霍兹联合会的研究中心与中国伙伴，尤其是与中国科学院各研究所已经成功合作 40 年。2003 年底，为进一步加强与中国伙伴的合作，亥姆霍兹联合会在中国成立了北京代表处。现在，在该联合会从事科研活动的中国青年科研人员已经超过 1400 人，是该联合会最大的外籍科学家团队。我们曾多年与中国国家留学基金管理委员会合作，2016 年我们又与中国博士后管理委员会办公室签署了双边资助的中德博士后项目，每年可联合资助 50 名中国优秀青年到亥姆霍兹联合会研究中心工作 2 年。中国科学院是我们的战略合作伙伴，我们和中国科学院一起联合资助了 15 个联合科研团队。

亥姆霍兹联合会与中国伙伴开展了形式多样的合作。例如，亥姆霍兹旗下的于利希中心与中国科学院上海微系统与信息技术研究所成立了中德功能材料和电子学虚拟联合研究所、与中国原子能科学研究院成立了中德中子散射联合实验室、与北京大学环境科学与工程学院成立了联合实验室；亥姆霍兹感染中心与山东大学一起在山东大学青岛即墨校区成立了山东大学—亥姆霍兹生物技术研究所；德国航空航天中心与同济大学成立了交通安全与环境联合实验室。最近 10 年来，亥姆霍兹研究中心招聘了 10 余位高水平的中方青年学者领衔筹建青年科学家团队；另外，也有 10 余位来自亥姆霍兹研究中心的科研人员受聘为中国“千人计划”学者。

我们对数十年来与中国优秀伙伴所开展的合作非常满意，感谢大家对推动德中科技合作所做的贡献。我们也希望借助中国开展国家实验室体系建设的契机，进一步加强未来的合作，我们北京代表处将非常愿意为中方和德方伙伴建立联系及开展新的合作项目提供支持与便利。

最后，我还要特别感谢中国科学院科技战略咨询研究院及中国科学院管理创新与评估研究中心的大力支持，在开展中国国家实验室体系建设的课题研究过程中，李晓轩研究员接受了本联合会北京代表处何宏博士的提议，联合策划了这本画册的翻译和出版。我现在非常高兴地把这本中文画册推荐给大家，我深信这本中文画册能带给中国科技界和其他背景的读者朋友有趣的信息与有益的参考。未来十年，我们将面临许多面向全人类的新挑战，要解决这些问题，唯有形成一个通力合作的全球性的科技共同体，加强双边乃至国际合作。

奥特玛·威斯特勒
亥姆霍兹联合会主席
2018 年 3 月

HELMHOLTZ RESEARCH FOR GRAND CHALLENGES

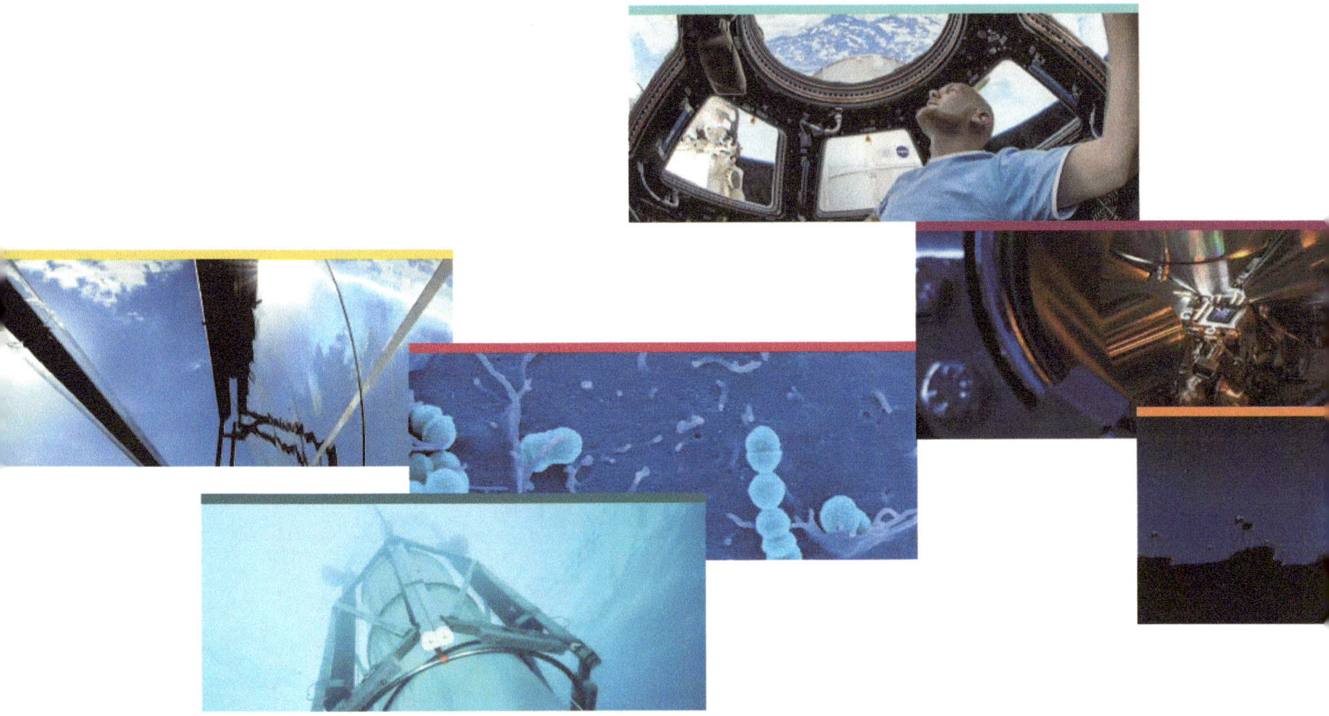

目 录

正如各种生命之所需一样，知识是增长和提升我们物质力量的精神食粮，对真理的洞察和认知永远只是辛勤劳作的成果。万物原本俯拾皆是，只是在缺乏坚强意志的地方，才会出现精神财富的匮乏。

赫尔曼·冯·亥姆霍兹

（1821～1894年）

历史视角下的德国亥姆霍兹联合会

迪特尔·霍夫曼（Dieter Hoffmann）、赫尔穆特·特希勒（Helmuth Trischler）

以下这篇文章是对德国大科学研究发展过程的全面回顾，包括它得到德国社会的接纳、认同及其机构 1
化的实现过程。文章的核心是介绍大科学研究纳入德国科研和创新体系的整个过程：自 20 世纪 50 年代中期第一家核科研机构起，到 70 年代变身大科学中心协会（AGF），最后发展成为今天的亥姆霍兹联合会。继 1995 年机构更名后，亥姆霍兹联合会用了 20 年的时间从“笨拙油轮”的负面形象转变成为现代化的、充满活力的、名副其实的德国最大科研实体。

发展大科学研究是德国科技创新体系中的重要变革之一。20 世纪 50 年代中期之后，第二次世界大战盟军战胜国取消了在关键领域的科研禁令，使得联邦德国重新获得科研自主权，在强调资源密集、依赖大型装备的核能、高能物理及航空航天等领域，陆续诞生了一些大型科研机构。[1] 进入六七十年代后，在生物医学、信息学等领域也出现了更多新兴的独立科研机构，它们成为联邦德国科研体系的重要支撑。联邦各自为政体制与中央政府主导体系的科技政策在经历多年的磨合与竞争之后，大科学研究成为联邦德国政府取胜各个州政府的关键要素，并因而在德国联邦科研体系之中占有很大份量。这些大科学中心因其庞大的体量而在 70 年代形成了大科学中心协会。但到了 80 年代，对项目地址的选择和大科学前景的争议使大科学中心协会陷入巨大的危机。主要争议点包括科学的自主性与政府取向的冲突，以及集中式与分散式科研的优越性比较。在两德统一之后，关于大科学的内涵界定再起争议，并由之带来新的改革：大科学中心协会不仅更名为亥姆霍兹联合会，而且通过科技政策调整，成为一个现代的、充满活力的科研实体。今天，亥姆霍兹联合会当仁不让地成为社会和科技进步的引领者，倚仗的绝不仅仅只是自己的体量。

1.大科学的前世今生：发源与语义界定

追溯大科学的起源，通常认为它始于曼哈顿工程。1945 年 8 月，美国在日本广岛和长崎投下了最早的原子弹“胖子”和“小男孩”，美国 1942 ~ 1945 年为原子弹研究耗费了超过十亿美元的巨额资金。为解决这个科学和技术难题，多达 25 万人参与了曼哈顿工程，这些人员来自美国各州的科研机构和实验单位。这是前所未有的大规模工程，它围绕任务目标实施了全程规划和控制。第二次世界大战结束之后，涌现出了一批今天被人们称作国家实验室的科研机构，其中包括美国的国家实验室（从事军事科研的洛斯阿拉莫斯国家实验室与致力于核能研究的阿贡、布鲁克海文和橡树岭国家实验室），[2] 英国的哈维尔（Harwell）和法国的撒克雷（Saclay）国家实验室等欧洲的相似机构。德国却遭受盟军拆除各类装备和禁止科研的限制，呈现机构性的发展空白期。直到 1955 年盟军科研禁令限制解除之后，德国才得以在卡尔斯鲁厄、于利希和吉斯达赫特的野外绿地上开始兴建核研究中心。

大科学的概念率先由核研究中心的科研人员提出绝非巧合。早在1949年法国原子能委员会的技术主任路·柯瓦斯基（Lew Kowarski）就已认识与分析了伴随大型物理学研究出现而发生的科研变化。在20世纪60年代，美国橡树岭国家实验室主任阿尔文·温伯格（Alvin M. Weinberg）向社会普及了大科学概念。英国科学社会学家德瑞克·德索拉·普莱斯（Derek de Solla Price）也在同一时间引入这个词汇。而在联邦德国，直到70年代初才正式出现了大科学这个术语，用以取代偏重于政治内涵的项目科研的传统说法。联邦科学研究部国务秘书沃夫冈·卡特列里（Wolfgang Cartellieri）敲定了大科学这个德文词汇，并把这个词汇内涵界定为符合法律要求的、由组织章程规定的、机构制度化的科学研究。这个新词取代了强调项目来源特征和科技任务目标导向的“项目计划科研”，后者是德国核物理学家沃尔夫·海费勒（Wolf Häfele）1959~1960年在美国橡树岭国家实验室做完访问学者回国后，在卡尔斯鲁厄核研究中心做核快堆研究时所发明的专用名称。[3]

其实在曼哈顿工程之前就已经出现了大科学的萌芽。促进大科学诞生的因素是科学发展的社会化，科技发展的关联性的日渐提升，科技发展对资金、人力和装备需求的快速提升，以及爆炸式增长的科研数据，这些都对政府的科学决策产生了重大影响，对绩效管理、标准化、技术发展与保障等方面日益提出了新要求。简而言之，现代大科学自19世纪起开始加速成形。[4]

德国的科技与创新体系从19世纪中叶逐渐成形，并且一直很重视大型科研基础设施的建造。当时的人们也都看到了时代的变革，历史学家特奥多尔·莫姆森（Theodor Mommsen）早在1890年就认识到，科学也存在社会问题：“和一个大国、一个大产业相类似，大科学也同样不是个人所能胜任，而是受文化发展这个核心元素的引领……”1905年，神学家、后来的威廉皇帝学会的发起会长阿道夫·冯·哈纳克（Adolf von Harnack）提出科学共同体的概念，并且他与莫姆森一样都提出在应对大型科研挑战时需要来自地方、国内和国际科研机构中的学者共同协作，编著百科全书和词典需要社科学者的合作，同样地，在气候、气象和天文学领域的科研工作也需要众多的来自自然科学领域的科学家共同合作。[5]

第一次世界大战可看成大科学研究的孵化期。在四年的战争期间，大科学的内容及其社会政治意义都发生了重大的变化。各主要参战国在国家处于生死攸关之际深刻地意识到自然科学与技术的重要地位，并把资源选择性地用在关键项目上。[6]为了更有效地推动关键项目，在科学、技术、经济与国家之间发展起了新的联动关系，并随之衍生出了实施大科学项目的相应机构。例如，在柏林达勒姆由弗里兹·哈柏（Fritz Haber）领衔的威廉皇帝物理化学和电化学研究所（KWI），这个研究毒气的综合性科研单位在第一次世界大战期间曾一度拥有分属11个部门1500多位员工。[7]与此类似，俄国在10月革命之前的1917年就启动了科技体系的重大改革，并在布尔什维克执政期完成了大型科学实体的构建。[8]这些机构和部门大多都顺利度过战争并避开被解散的命运，进而作为科技发展的新兴力量迈入第二次世界大战。俗话说“战争是万物之母”，可以肯定地说，第一次世界大战尤其是第二次世界大战的确孵育了大科学的成长。

在第二次世界大战期间，除曼哈顿工程之外还有佩内明德（Peenemünde）工程。时间上与曼哈顿工程同期的佩内明德工程为执行纳粹战争经济和灭绝政策，在佩内明德这个小渔村开发建造A4/V2火箭。1936年，在这个小渔村边的乌泽多姆岛（Usedom）上，杰出的青年工程师沃纳·冯·布劳恩（Wernher von Braun）在军事装备部的资助下领导建设了佩内明德东区导弹研究中心，在佩内明德西区德国也另行建设了空军研究测试基地。1942年10月3号从这里发射了第一枚远程导弹，标志着大规模杀伤武器的新发展。

第一次世界大战时期地处柏林达勒姆的威廉皇帝物理化学和电化学研究所（KWI）
图片来源：MPG档案

田纳西州橡树岭核研究中心，这里提纯浓缩了美国第一批原子弹的裂变元素铀
图片来源：D.霍夫曼的收藏

组建这个巨大的研发基地及V2火箭的研发共耗费了20亿帝国马克和上万名战俘与劳工的生命。[9]

作为一种新型的科研形态，大科学具有以下总体特征：[10]

——围绕某项既定任务，多种科技学科融合（跨学科），而且经常涉及大型装备；
——从人员到资金均需要全方位地绑定多种资源（投入巨大）；
——主要由国家直接投资（国家行为）；
——着眼于具体的中长期任务目标（任务拉动）；
——衔接基础研究与应用研究，关注产业转化（创新导向）；
——任务目标有很高的政治和社会价值（目标明确）；
——在具体实施过程中兼具政治目标和学术高度自由的双重性。

从字面上看，大科学首先体现在“大”上，但这个“大”可以有多重含义：其一体现在占地面积大，其二是科学和经济效应突出，其三项目运行的开支巨大，需要天价的投入；在技术上则意味着大型装备、机构庞大，需要多学科多团队的共同合作，需要国家集中不同文化、教育背景和各类科研风格的科研人员，经过集体协作完成的大工程项目。

纯粹以大小来划分大科学与小科学是不科学的。[11] 大科学并不体现在定量化的尺度上。真正意义的大科学体现在项目的国家、科学与经济三重社会定位上。大科学具有突出的政治与社会优先目标，即：大科学从一开始就是科研、政治和产业密切结合的产物，它充分体现了国家创新任务的需要。[12] 而大科学的任务目标，就是要把科学知识转换成技术并推动经济的发展，通常直接关系到国家经济利益和国家安全。正因为如此，首要的资助方是国家，其次的资助方才是产业界。在科研项目实施过程中科研人员的研究方向总体上要满足政治需求。国家、经济和科技三方利益的博弈产生了控制的不确定性。大科学因此也处在有不同利益诉求的各种社会子系统的潜在冲突的焦点上。20世纪60～70年代联邦德国政府变革科技和创新机制，研究政策和机构处于转型与调整期，出现了多方主体的冲突。作为亥姆霍兹联合会前身的大科学中心协会，就诞生于这个艰难的科技政策的变革时期，并迎来了冷战结束和两德统一。1995年更名为亥姆霍兹联合会，是因为遇到了联邦德国历史上的第二个重大转折：1989~1990年的两德统一带来了很多科技政策挑战。

2.截至20世纪80年代末联邦德国大科学的发展路径

第二次世界大战结束后，盟军的科研禁令及大量科技人员的外迁使德国无法像战胜国一样保证科研活动的连续性。尤其是在“第三帝国”时期已经出现雏形的大型科研领域，如核物理、航空和火箭研究等领域，更是受到严重影响。

核物理成了促成德国大科学汇聚成形的晶核。除了科学的自身发展，沃尔纳·海森堡（Werner Heisenberg）发挥了关键作用。1946年春天，海森堡被盟军解除拘禁从霍尔农场（Farm Hall）释放回德国后，美国军方希望他能回到慕尼黑去教书。但海森堡却选择了未被轰炸破坏的哥廷根，而且在科学工作之余，他迅速展现了自己作为科研管理者的才能。他建议由德国联邦政府主抓科研的理念尽管受到来自各个州及多数同行的反对而告失败，由于某种意义上他是康拉德·阿登纳（Konrad Adenauer）的科学顾问，并与总理府有密切关系，他对各个科研问题的意见很有分量，尤其是在核能领域。

海森堡把核能看成德国经济重新崛起的关键，因而大力提倡相关研究。1952年年中，在盟军限制科技研究的禁令即将宣布撤销之际，关于启动核能研究的争议马上热烈起来。1952年2月，德国科学基金会（DFG）组建了以海森堡为主任的核能委员会，并于当年11月呼吁建设一个由联邦德国政府资助的核反应堆研究中心。人们建议这个实验堆应该以天然铀作为原料，以回避美国的铀浓缩装备的附加限制。鉴于其他人都不具有与海森堡比肩的地位，而且他在哥廷根马普物理学研究所还拥有一支由优秀核物理学家组成的团队，由他领导项目顺理成章。而他也丝毫不避讳地表示希望把项目落在他的家乡慕尼黑。

有许多文章描述过巴伐利亚州和巴登—符腾堡州在核反应堆选址问题上所发生的激烈争议，后者推出卡尔斯鲁厄来跟慕尼黑竞争。[14] 为了在未来先进的核能技术领域获取领先优势，两个州各自使出了最大解数并动员了政治力量。最后只能请出德国总理康拉德·阿登纳，由他援引涉核的外交政策敏感性来做技术平衡。北约司令部和盟军最高统帅部都以慕尼黑在地理上过于靠近东西方对立的铁幕边界为由，明确支持卡尔斯鲁厄，在此情况下，康拉德·阿登纳宣布了最终决定。巴伐利亚州所得到的补偿，是把海森堡挂帅的核能研究所搬迁到了慕尼黑。慕尼黑最终能够在20世纪50年代发展成全德国领先的核物理研究中心，其实并非海森堡的功劳，出于对选址卡尔斯鲁厄的强烈不满，他就此放弃了对核能的应用研究，而真正挑起大梁发挥突出作用的是汉兹·迈尔-莱布尼茨（Heinz Maier-Leibnitz）。他本人于1947~1948年以核物理学家身份在美国做访问学者，掌握了美国大科学研究的架构，在返回德国以后，他在瓦尔特·博特（Walther Bothe）任所长的马克斯普朗克物理学研究所负责医学研究，他提出兴建新一代核试验反应堆的设想。[15] 1952年，迈尔-莱布尼茨受聘为慕尼黑应用技术大学的技术物理学教授，巴伐利亚州政府授权他以州政府代表与美方洽谈采购一套泳池式反应堆。1957年10月31日，慕尼黑的核试验反应堆在慕尼黑加兴奥瓦德正式投入试运行，时间上也就比民主德国德累斯顿罗森多夫（Dresden Rossendorf）的实验堆启动仅仅早了几个星期。

于利希核研究装置（KFA）是联邦德国在核能领域的第二个大型科研中心，它选择的是另一种大科学的发展路径。

KFA项目应当归功于利奥·勃兰特（Leo Brandt）的倡议，他是北莱茵-威斯特法伦州（简称北威州）负责科学与研究的国务秘书，思想活跃，属于极为少见的政治人物。勃兰特拍板敲定的北威州核能“特殊路线”具有两大特征。[16] 一个特征是相比于尽力与联邦德国政府沟通协调的其他各州，于利希研究中心的成立，“即令不是违逆联邦德国政府的意愿，起码也是率性而为，自行其是”。[17] 在KFA项目上，州政府优先考虑了地方政府的科研政策需要，并希望借此实现更多的科研独立性。另一特征则是北威州选了另外一个样板。有别于南部德国的地方政府青睐美国技术路线，杜塞尔多夫政府则把眼光投向了英国，双方人际关系建立于第二次世界大战期间，在战后的占领期得到了进一步深化。此外，英国方面客观条件良好，英国从事核技术的哈维尔国家实验室地处伯克希尔郡，具有紧邻德国的优势地理位置，而且英国核技术水平高、能源经济是国家优先产业，便于学习借鉴。

卡尔斯鲁厄FR2研究堆与中央控制台及墙上重要测量设备（1964年）
图片来源：KIT-档案室

沃尔纳·海森堡（中）、沃夫冈·耿特勒（右）和亚历山大·霍克1953年在关于共同成立欧洲核研究中心CERN（European for Nuclear Research，欧洲核子研究组织）的协调会上
图片来源：海德堡马普核物理研究所档案室

但时过不久，北威州政府便发现自己不得不面对KFA项目上的财务风险。从20世纪50年代末开始，KFA项目便滑入结构性的财政危机之中，到了1961年11月，甚至沦落到了财政经费无以为继的地步，只能靠着预支下一年的经费才能避免破产。联邦德国政府这时只好施以援手，把北威州政府自行主导的核科学研究从危机中拯救出来。经过长时间的磋商之后，对于以有限责任公司形式注册的KFA项目设施，联邦德国政府与州政府约定从1967年起二者平摊财政资金。从1970年起，联邦德国政府更是承担3/4的经费，这个比例自1972年进一步提升至90%。

波恩在卡尔斯鲁厄研究中心和KFA之间进行了合理的科研分工。卡尔斯鲁厄主要开发沃尔夫·海费勒（Wolf Häfele）的增殖堆方案，而KFA则重点探索海森堡学生鲁道夫·舒尔滕（Rudolf Schulten）所提出的钍基高温核反应堆路线（THTR）。[18] 直到20世纪70年代，在德国核研究的快堆和高温堆这两个旗舰项目全部搁置之后，于利希开始把科研重点调整到面向未来的固体材料和脑科学研究领域，并转型为综合学科的大科学研究机构。

在核能领域率先发起并建成这两个大科学中心的实例充分展示了联邦体制下政治力量的角逐与平衡。早期倡议都是来自有解决长远能源供给问题需要的州政府。但出于外交压力和核能的军事关联性，迫使联邦德国政府不得不第一时间介入。进入20世纪60年代之后，各州在大科学领域的压力陡然增大。支持探索检验新的反应堆技术路线这类大规模核能研究，不同于支持一般性基础研究，完全超出了州政府的财政能力，即便财力雄厚的北威州政府也无法支撑大科学的巨额诉求而只能以失败告终。

今天被称作大科学中心的大科研机构诞生于联邦德国钟情于原子能技术的年代：1956~1960年，除去前面提到的卡尔斯鲁厄研究中心（KfK）和KFA，还成立了汉堡近郊吉斯达赫特的造船与航运核能应用协会（GKSS）、柏林的哈恩-迈特勒研究所（HMI）、汉堡德国电子同步加速器中心（DESY）、慕尼黑近郊加兴的马克斯普朗克学会等离子体物理研究所（IPP）和慕尼黑的辐射研究学会（GSF）。核物理学家对于大科学装置和财政经费的胃口巨大，几乎没有止境。不同的设施能反映出科学家个人间的争抢和科研共同体在科研投入上的竞争，也是各个地方政府为吸引这类高科技项目落地而激烈竞争的结果。发展核能的热情如雨后春笋般地发展，旋即又像产业退出资助核科研那样，很快就消退了。[19]

1959年成立的柏林万湖的哈恩-迈特勒研究所（HMI）
图片来源：HMI/HZB

1970年在海德堡成立的德国癌症研究中心（DKFZ）
图片来源：DKFZ

20世纪70年代的于利希核研究装置
图片来源：KFA/于利希研究中心

1965年汉堡德国电子同步加速器中心（DESY）的鸟瞰图
图片来源：DESY

1963年马普学会等离子体物理研究所（IPP）/慕尼黑巴伐利亚柏特姆飞行事务署园区鸟瞰图
图片来源：IPP/慕尼黑巴伐利亚柏特姆飞行事务署

20世纪60年代中期辐射研究学会的科研楼
图片来源：辐射研究学会（GSF）/亥姆霍兹慕尼黑中心

20世纪70年代初吉斯达赫特造船与船运核能应用协会的鸟瞰图
图片来源：汉堡航空局

德国航空飞行试验院（DVL）——德国航空航天中心（简称德宇航）的前身（1965年波兹—瓦恩基地俯瞰图）
图片来源：DVL/德宇航

“奥托·哈恩”是全世界第三艘核动力民用货船

在今天看来，当年去开发像核动力货船这样的一些高风险项目，也确实太过理想化了一些。1960年GKSS获得兴建科研船“奥托·哈恩”的明确任务，1968年也确实完工建成了。但这艘核动力船的处女航却宣判这是一条科技的死胡同，从经济性和安全性角度来看根本是行不通的。所幸拆解“奥托·哈恩”这条试验船并不等于判决GKSS的死刑。GKSS及其他核研究机构也都像此前那些美国同伴一样，另辟蹊径转身去研究其他科研问题。这些机构此后的发展大大偏离了在建设初期的科研初衷。[20]

有关这些核研究设施未来发展走向的争辩，是前面提到的20世纪60年代末科技转型的组成部分。联邦德国政府看出这些大科学中心将是自身与由州政府主导的经典科研模式进行博弈时必须依赖的力量，于是成立德国癌症研究中心（DKFZ，1964年）和数学与数据处理协会（GMD，1968年）。并在1968~1969年，通过国家行政压力把分散在各地的航空航天研究单位统一整编到联邦德国航空航天研究试验院（DFVLR，后来的德国航空航天中心）。这些都反映出由联邦德国政府主导的新科研政策。联邦德国政府颁布的国家重点专业计划，如数据处理（1967年）、海洋研究（1968年）和高新技术（1968年）也反映了联邦德国政府的政治意愿是希望缩小欧洲与美国的技术差距，在投入上强化科研对于未来经济和社会发展的战略价值。

依据1969年5月12日的金融改革条例，联邦德国中央政府的科技投入在宪法保护下获得大幅度增长。在基本法中新加入的第91B条款规定，对具有“跨地区重要性”的科研机构，联邦德国政府和所在地州政府有联合资助的责任与义务；尤其1975年正式落实协议，对于大科学研究中心实行联邦德国政府90%、所在地州政府10%的分账资助制度有了保障。

就大科学机构自身在国家创新体系中的定位问题的争议，联邦德国相比于美国晚出现十年。新分化出来的科研领域或者是像美国那样在科研机构中自然滋生出来，或者是像德国这样由外部、由国家自上而下安排下来，但其结局却都一样，大科学在创新体系之中站稳了脚跟，保住了自己的地位。

在这个发展过程中，德国研究部是重要合作伙伴，它为了确保自身在科研政策领域的权力也需要这样的搭档。[21]大科学中心过去是现在也是德国研究部的嫡系势力，它们既是直属的科研单位，也是部委哺育的孩子，它们一方面拿走了大量的财政经费，另一方面也要接受舆论监督，要汇报这些机构在创新领域究竟发挥了多大的作用。每位新部长上任伊始都会把眼光放到这些大科学机构上来，都会公开或私下质疑对这些单位的财政投入是否与科学产出相匹配。

对大科学中心的公开批评一直存在。在20世纪60年代末，大科学中心原本被视作与美国竞争技术优势的关键手段。而到了70年代中期人们对大科学中心的印象反转，多数人认为这类大科学中心存在着技术低效的缺点。随着1973~1974年出现的经济衰退，人们在多个时间点提出发展大科学要考虑产业界的兴趣，应当为企业提供服务。

阿尔弗里德·魏格纳极地与海洋研究所（AWI）位于不来梅港的原始主楼
图片来源：AWI/M.布赫霍兹（Buchholz）

布伦瑞克生物技术研究协会（GBF），1965年
图片来源：GBF/HZI

有人为此建议强化专利和许可部门，积极到专业展览会上介绍展示科技成果，要经常与产业界进行高峰对话，等等。[22]

不仅产业界，就连政府也一直指责大科学研究缺乏灵活性。然而，政策规划理念的发展速度非常快。在勃兰特时代（1969~1974 年），对大科学研究的期望是提高人的生活质量并减少工业发展给社会和生态环境带来不良影响。接下来的一段时间，它归属于经济性结构政策，成为实现政治目标的工具，政府承接了许多项目的组织管理工作。20 世纪 80 年代初期政治“转向”之后，科研活动更多地面向经济发展的直接需要。那时经济界甚至提出，大科学研究应转型为产业的延伸，所幸来自科技界和政界的有识之士都认为这个想法过分夸张，否决了这条提议。

20 世纪 70~80 年代，新兴研究领域的崛起并没有推动更多新的大科学研究中心的成立，只有两个例外：位于布伦瑞克的生物技术研究协会（GBF, 1976 年）和位于不来梅港的阿尔弗里德·魏格纳极地与海洋研究所（AWI, 1980 年）。大科学研究机构的多样化发展目前已经很常见，除了定位于基础研究、绑定研究领域的 DESY、HMI 和 IPP 这三个研究所之外，其余大科学研究所为适应时代变迁开启了许多新的科研任务：新材料、生命科学、气候与环境、再生能源、安全与交通、生物技术、基因技术、生命科学、信息通信技术等，许多科研领域常常背离机构的起始名称，不少大科学研究中心面临陷入毫无特色“杂货店”的风险。为了逆转这个趋势，20 世纪 80 年代末各个研究中心重新界定了工作重点。[23]

在某些大科学研究领域，即便联邦德国政府也常无力独立负担巨额科研开支，这时就需要欧洲作为整体发挥作用了。1954 年，西欧发达国家决议在日内瓦附近的梅林共建了一个核研究与基本粒子研究中心——欧洲核子研究组织（CERN），这标志着欧洲科研合作的开端。回顾历史，由多国科学家和工程师共同参与的依托大型科技项目的跨国合作在很大程度上促进了欧洲一体化进程。这种“隐形的融合”当然是以欧洲科学合作的文化传统为根基，其历史渊源甚至可以追溯到 19 世纪下半叶。[24]

自从成立之日起，CERN 就成了欧洲打造其他跨国大科学研究工程的参照物。对于超越单个国家利益，仅仅出于科学目标而成立的那些科研中心来说，CERN 模式是不与利益挂钩的科研范本。沃夫冈·耿特勒（Wolfgang Gentner）曾任海德堡马克斯·普朗克核物理研究所所长，20 世纪 50 年代他在 CERN 出任过很多年的科研主任，他认为 CERN 成功的秘

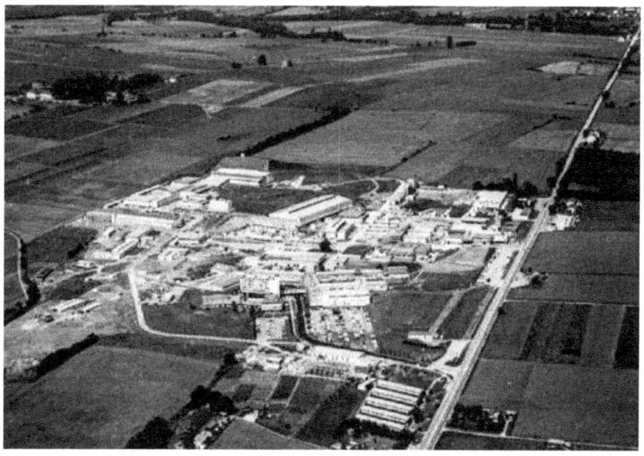
1964年前后日内瓦附近的欧洲核子研究组织（CERN）
图片来源: CERN

上普法芬霍芬研究中心的航天控制中心，太阳神任务（太阳探测器）控制室的室内照片，1974年
图片来源：DFVLR/德宇航

诀在于它的兴建过程较为特殊，它基本上由科学家独立组建，未受多少政治影响。[25]但如果仔细考证CERN成立的那段历史，就会看到即使CERN也是典型的冷战产物，在其建设过程中美国一直努力在欧洲巩固自己的科技强权地位。此外，包括为CERN提供建设用地的瑞士，也有明确的政治利益诉求。[26]相比于CERN，欧洲原子能共同体（EURATOM）更是渗透了许多国家利益，不少有价值的倡议和项目都因为特殊的利益而被搁置。[27]首当其冲的一个障碍是那条所谓“合理回报”的导向原则，依照该项原则，各个国家向欧洲项目资金池中所注入的经费拨款应尽可能地以项目合同或任务经费的形式返还到“它们自己国家”的科学家和企业中去。总体看来，科学成了欧洲一体化发展的强劲推动力，20世纪60年代初期建立的两大欧洲宇宙、航天研究机构就是很好的证明，它们分别是欧洲空间研究组织（European Space Research Organization，ESRO）和欧洲运载火箭研发组织（European Launcher Development Organization，ELDO）。欧洲航天业最初十年的发展史也是很典型的例子，那段时期也饱受多种国家利益诉求的影响，直到1972年欧洲太空局（European Space Agency，ESA）成立并找到新的组织模式，才使研究、技术工作更加高效并避免特殊利益的干扰。[28]欧洲航天领域的合作促使联邦德国加快步伐，寻找把航天航空科研活动机构化和制度化的合适模式。经过20多年坚持不懈的努力，联邦德国政府日渐增长的力量终于得以在1968年、1969年成功克服了科学家和一些联邦州的抗拒，以伞状组织的方式把那些州属的六七家科研单位整合为德国航空航天研究试验院（1990年起更名为德国航空航天中心）。但是，重大航天项目的管理仍旧是联邦德国大科学研究体制上的一大难题，时至今日也没能找到令各方都皆大欢喜的方案。[29]

20世纪80年代中期无疑是德国大科学研究的一个重要节点。1984年4月，联邦德国政府发布了《关于大科学研究机构现状及展望》的报告，其后对大科学研究在联邦德国科学与创新体系中的任务和目标重新进行了全面定位。总的来说，美国在此前就完成了新的变革：大科学研究应该发挥前瞻性的作用，能提前预见新技术带来的机遇和危险，能有助于应对解决社会的重大问题。大科学研究的界定不再只是依据项目内容（核研究、空间研究、数据处理、极地研究等），而更要从方法学角度来看，而是看一项研究是否致力于解决重大、复杂的系统问题，是否需要跨学科的团队及借助使用昂贵的科研设施来界定其大科学的属性。站在历史角度来看，这次对大科学研究的重新界定具有十分重大的意义。在政治、经济、科学和技术各方利益的角逐中，此前地位不明朗的大科学终于找到了稳定的位置。

联邦德国研究和技术部位于波恩的十字大楼内（新近照片）
图片来源：德国教育与研究部斯蒂芬·穆勒

核技术应急救援队（KTH）的远程操控机器人，1974年
图片来源：卡尔斯鲁厄理工学院档案馆

国家需要能够从事大型复杂系统性问题的研究机构，虽然科研领域的重点在现实中是处于不断变化之中的，然而政府对大科学的发展期望保障了大科学研究的地位并保障了其存在。

3.从工作组到大科学中心协会：20世纪60年代大科学研究的身份认同

大科学中心的自我身份认同起始于 1958 年成立的“德国反应堆管理与运行问题工作组”。同其他协会组织的成立一样，该机构成立的初衷是要实现自助，20 世纪 50 年代核研究机构“无论从法律、机构、运营、安全技术角度上来说都是一片新大陆，没有相应的基础设施”。[30] 那时联邦原子能部才刚刚开始组建，原子能方面的法律法规也尚未出台。成立工作组的提议主要来自核研究中心管理部门，特别是 GKSS 的行政管理主任曼弗雷德·冯·楚尔穆伦（Manfred von zur Mühlen）。科学家通常可以与全世界的同行进行交流合作，而相比之下科研管理者之间很少有机会互相沟通、交流经验。1958 年 10 月 29 日，在 GKSS 召开的机构会议演化出了一个定期组织召开碰头会议的工作组，该工作组的会议旨在以非正式的形式交流管理经验和解决机构运营中出现的技术问题，如讨论和推荐核反应堆工作人员的培训及资格认定等类的提案，但该工作组起初并没有权力制定并执行涉及共同利益的相关方案。

最初的彷徨和无头绪很快就发展出利益的诉求。其自发成立之后还不到一年半时间，该工作组就确定了每年将举行 4~5 次碰头会的机制。并且从最开始讨论管理经验和技术问题的两个工作组，自然地衍生出了更多从属的工作小组，这其中研究内部工资待遇的小组变得更为重要。特别是在 20 世纪 60 年代中后期，由于德国从 1961 年实施联邦雇员工资标准，关于科学是否理应享有特权的讨论变得很激烈，其后关于核反应堆运营站点是否应当实行内部薪酬制度的讨论，推动了大科学研究的自我身份认同。在核能经济快速膨胀的形势下，如果严格地采纳公共工资标准，那么核研究中心在人才竞争的过程中显然将一败涂地。关于工资、人事、劳动保障方面的讨论促使该工作组在 1968 年开始思考是否应该变身为独立自营的一个雇主协会。

当然，该工作组及其下属的工作小组不仅仅讨论人事方面的问题。例如，为了应对重大核意外事故，人们酝酿成立了一个共同的事故处理部门，处理保险问题和制定核能责任公约。最终，这支核技术应急救援队（KTH）落户在卡尔斯鲁厄核研究中心。

重离子研究学会（GSI）：20世纪70年代中期开始运行的第一台直线加速器
图片来源：GSI/A. Zschau

追求大科学研究的自我身份认同和共同利益体现的另一个实质推动力，来自于处理专利和以许可方式实现知识产权商业价值的团队。大科学研究中心所遇到的问题要比马克斯－普朗克科学促进学会（简称马普学会）更棘手，弗劳恩霍夫协会（FhG）则有自己的专利事务部门，高校的相关规定和工业界的办法都不太适用于这些非高校科研机构。高校里的在校人员可根据《雇员发明法》第42条款和基本法中关于学术自由的规定，对发明享有自由处置权。而在工业界则有相关规定优先确保企业拥有对发明的处置权。[31] 大科学研究中心处于"前后不靠"的境地，只能参照借鉴《雇员发明法》执行相当苛刻的条款规定。[32] 卡尔斯鲁厄和于利希的一些科研人员对此深感不满，呼吁要享有和高校同样的权利。于是核研究机构是否应该联合成立一个以有限责任公司身份打理专利许可的代理部门，成为需要深入讨论和规范化的热门话题。法国的核反应研究机构和原子能工业界联合共建了名为Brevatome的专利池，给德国提供了一个思路。然而，核科研机构成员单位和联邦科研部（BMwF）都没有同意这一方案。1965年，联邦审计院和联邦财政部联合要求组建公共专利许可代理中心，至此这个问题才受到高度关注并因此形成了独立的专利问题工作小组。到了1966~1967年的经济危机期间，联邦德国实现经济永恒繁荣的梦想破灭了，"高速增长戛然而止"，大科学研究的商业价值首次受到高度重视。[33] 从那时开始，产业化应用也被看作大科学研究不可忽略的组成部分。

与此同时，工作组在1965年9月更名为"核研究机构工作委员会"（AFK）。该委员会的规模几经扩大，先是1964年DESY和IPP被纳入其中，1969年突破核物理研究的学科限制，AFK又吸纳了DFVLR、DKFZ、GMD，最后，AFK又破例于1969年12月吸纳了新成立的重离子研究学会（GSI）。至此，全部聚齐了未来的大科学中心协会的所有创始成员。AFK成员起初也不仅限于以上这些名单，尽管有些核能企业陆续退出了AFK，但是像隶属慕尼黑和美因茨的大学核物理研究所，以及美因茨的无机化学及核化学研究所等来自高校的科研成员仍然保持高度热情积极参与AFK的工作。值得一提的是，联邦科研部从1962年起成为AFK的常客，部委代表出席AFK会议表明政府部门开始接受AFK既是一个非正式的兴趣组织，同时也是沟通解答科研政策相关问题的一个平台。进入20世纪60年代后期，自行退会和清理出局的状况上升到一个新阶段，这为以后转型为大科学中心协会奠定了基础，尽管当时也不是完全没有其他的可选择空间。

与政府整合资源相反，科学界对联邦德国政府影响力的上升提出越来越大的质疑，20世纪60年代后期，由于两件事的联合作用，"自上而下"整合把"自下而上"的自我身份认同完全挤到了一边。第一件事是联邦德国政府大幅度扩张其科研政治影响力，在年轻有活力的格尔哈特·施多腾贝格(Gerhard Stoltenberg)部长的领导下，联邦科学研究部（BMwF）不断扩大的权力范围，凭借相对充裕的预算它将联邦州和传统上实行自我管理的科研机构推向了边缘。大科学研究被推到了舆论的风口浪尖上，因其占用联邦科研部的资源的比例越来越高，并逐渐变成联邦德国政府实施科研政治的嫡系势力。第二件事是从美国蔓延至联邦德国的一股风潮，倡导要对科研加强计划和管理。长期在联邦德国被看成与纳粹独裁及国家社会主义官僚制度直接相关的"计划"这个概念重新受到了欢迎，成了联邦德国 迈向基于科学规划的、因而能保障未来竞争力的全新社会的希望载体。[34]

沃夫冈·卡特列里（Wolfgang Cartellieri）、联邦部长汉斯·伦茨(Hans Lenz)、国务秘书里奥·勃兰特(Leo Brandt)及马普学会主席奥托·哈恩(Otto Hahn)在波恩-巴德哥德斯贝格参加德国原子能委员会会议，1963年
图片来源：位于马普海德堡的核物理研究所档案馆

在这种情势下，联邦德国政府又再次组建了一个大科学研究机构：1968年在波恩成立的数学和数据处理学会（GMD）。它承载着时代的愿景，即通过运用现代化的数据处理程序使政治决策科学化，打造基于技术理性和实施科学规划的政府行政职能部门。[35]

科研计划和科研管理意味着“无可避免地会从‘上层’传达下来对于大科学研究的具体界定、所在地和任务设置等方面的具体指导意见”。[36]《大科学研究与政府》这本书的出版与此有很大关系，作者是原联邦科学研究部国务秘书沃夫冈·卡特列里，此书于1962年首发并在1963年充实内容后再版。[37]卡特列里关于大科学科研机构的定义最初是结合6家早期的核研究机构而论述的，但他认为是否属于大科学研究，不应该仅仅看科研内容，大科学研究应该是指拥有特定的组织结构和经费需求的非高校的特殊研究类型。这一定义具有普适性和开放性，也能适用未来的大型科研项目。

针对政府不断扩大自己权限范围的现象，科技界特别是最受影响的大科学研究机构对此持两方面观点，一方面他们认为政府日益增长的管理要求会威胁到宪法所规定的学术自由权利；另一方面他们也从中看到了机遇，可以借此机会重塑政府和大科学研究之间的合作关系，以此解决研究中心对经费和组织灵活度的迫切需求。1964年新设立了政府资助大科学研究及组织形式问题研究工作组，很快这个工作组就被称为卡特列里工作组，设立该工作组的主要目的是要建立新的科技经费资助章程。在讨论过程中主要有两种观点，一部分人认为政策的步子不要迈得太大，推崇引入比较先进的可相互覆盖和转移的资金管理模式，另一部分人则认为应完全摒弃传统的财务管理模式，只要做好科技绩效管理就可以授权机构享有更大的自主权。

1966年6月，卡特列里工作组提出了新的财务条例草案，该草案的题目比较烦琐，叫作“大科学研究组织模式及财务条例，关于《大科学研究与政府》一书的讨论稿”，卡特列里工作组期待能得到有关各方的认可。然而事实并非如此，不仅联邦财政管理部门，就连联邦科研部的职能部门也并不买账，他们尤其对该草案中关于要求原则上实现资金相互覆盖和转移的部分表示反对。这个草案意味着要彻底改变公共预算管理模式，政府代表就像怕洪水猛兽一样畏惧该草案可能带来的爆炸性影响。甚至连卡特列里本人也不乏顾虑，在1967年出版的意见书第一册中，他放弃了此前的大改革方案，转而提议在运营和投资经费计划中实施较为温和的相互覆盖资金管理模式。[38]大科学研究中心的财务新规最终于1969年出台，各科研中心不但未能实现所期望的权利和财务自治，反而在各个层次上都面临更多的不确定性。为了把科研重点转移至新设立的数据处理、海洋研究和新技术项目，联邦科学研究部门甚至不惜将仍正处于蓬勃发展阶段的核研究边缘化。在经过财政改革之后，大科学研究中心已经开始实行联邦德国政府与州政府9∶1的资助分配方案，但联邦德国政府借此要求派代表参与监事会的工作，并且该代表享有下达指令的权利。大科学研究中心认为，政府部门参与制定的新章程植入了政府监督、控制、检查和参与大科学研究中心事务的权利，这不仅没有增强自主性，反而走向了更为严重的中央集权。

昂斯特-约阿希姆·穆塞尔（Ernst-Joachim Meusel，1932~2006年）
图片来源：IPP

鉴于所面临的生存危机，人们一致决定要把AFK改组为兴趣协会。新就任的工作委员会主任昂斯特-约阿希姆·穆塞尔积极推进AFK工作的向前发展，他邀请管理方面的同僚出席碰头会，商讨建立新的科研联合协会的基本原则。为了能让协会获得决策权就要相应削弱各大科学研究中心的影响力。1969年秋，联邦德国政府换届，来自社民党的威利·勃兰特（Willy Brandt）出任总理。政府换届加快了AFK改组的进程，新任联邦教育与科学部（BMBW）部长汉斯·洛伊辛克（Hans Leussink）提出要改变大科学研究中心和政府之间关系的指导方针。作为科研主管部门的联邦教育与科学部（BMBW）于1969年11月13日邀请各单位代表召开会议，探讨大科学研究中心的相关基本问题。会议讨论十分激烈，部委人员发现计划于1970年初实施的新法规和新许可条件遭到了强烈反对。联邦教育科学部于是发表声明，将用合作式的指导方针取代中央集权管理，并鼓励各个大科学研究中心多提各自的建议。

各大科学研究中心积极响应了部委的提议，当晚形成了一份关于大科学研究中心自主管理的草案，其中涉及研究、人员和财务问题。工作委员会主任兼IPP行政主管穆塞尔召集其余十大大科学研究中心的一把手，于1970年1月28~30日召开闭门会议，会议地点在巴特黑伦纳尔布（Badlterrenalb）附近相距卡尔斯鲁厄不远的多贝尔（Dobel）。会上的讨论相当激烈，也有很多分歧，然而与会人员本着共建联合组织的“自我认同”，最终一致通过“多贝尔论纲”，该文件阐述了政府和大科学研究中心之间的关系。[39]这篇论纲后来被写入了“联邦教育科学部针对独立法人研究机构准则、结构和组织问题的指导方针”中，洛伊辛克部长领导的联邦教育与科学部于1970年11月，或者更确切地说是1971年7月通过了这一修改。多贝尔闭门会议的第二项重要成果，就是议定成立大科学中心协会，其任务目标是让大科学研究成为联邦德国科学创新体系的支柱。穆塞尔事后把成立协会的动机归于“抵御国家的不合理干预”及“体现科学的自治管理”。[40]

作为非法人协会，大科学中心协会这个伞形组织从结构上来说仍是一个比较弱的委员会，并不能很好地代表共同利益。协会的成员如今比较一致，囊括了当时全部10家大科学研究机构，该协会的职权范围依然因为两个特点受到明显限制。首先是在大科学中心协会成立的时候，并没有触动各成员中心职能部门的权力范围。从各个层面上看，各中心和原来一样还都是独立的，而且它们实际上完全没有准备要把部分职权上交给大科学中心协会。其次，由于出席该协会活动的只是研究机构的一把手和董事会成员，因此该协会的决议对研究中心的监事会及监事会内的出资机构代表完全不起作用。

尽管如此，“多贝尔论纲”的起草和大科学中心协会的成立让联邦德国的大科学研究第一次收获了积极的正面评价，大科学研究中心作为高校之外的一种科研机构类型也开始被人们认可。20世纪的六七十年代之交，德国的大科学研究又再次迈入了一个全新的发展阶段。此时，在核能发展期所成立的那些核科研机构的原有科研项目都已告一段落，各单位开始寻觅未来的新项目，这可以描述为多样化求变的新时代。信息技术、生命科学研究、生物学及环境研究成了研究和技术领域的主角，在随后的20年里它们成了政治、经济和公众共同关注的焦点。对应于经济政策及科技政策都更加强调技术和创新，科学研究的重心也相应地从基础研究转向更偏重应用研究。在有关“技术转让”“专利实施”“孵化器”等相关讨论中，大科学研究中心不得不正视开发实用性技术的需求，面对全新挑战，大科学研究中心必须同来自政治、经济界的其他伙伴在科研理念、财政保障和结构体制等方面做出针对性的调整。

4. 20世纪70~80年代的大科学中心协会

新成立的大科学中心协会是连自身“父母”都嫌弃的缺少疼爱的孩子。多贝尔闭门会议所带来的热情很快就云消雾散，取而代之的文化是推崇联邦分散自治、过度担忧无论任何形式的权力集中，这里仅举三个例子。

例一，在多贝尔会议上大家已经一致同意，形成决议仅仅需要获得参加表决代表的简单多数票，然而没过几个月条例就变了，提案通过改为需要得到三分之二以上的支持票；而在现实工作中，大科学中心协会的工作都是建立在全体成员的共识之上的，这样一来就很难形成共同的方针政策。

例二，协会组织的运作一般以章程中的框架原则为基础，大科学中心协会也制订了自己的章程，尽管内容并不长。在1970年6月的第二次全体会员大会上，为了让新组建的管理团队获得合法性，大科学中心协会试图修改章程。在会上这件事引起了激烈的讨论，理事会最终不得不放弃修改协会章程，只能退而求其次改动议事规程，其作用远远小于协会章程本身。

例三，在多贝尔会议上，各方就大科学中心协会的形象定位达成基本共识，它是旨在保障和建议成员独立性的兴趣协会。但即便是协会的形象定位也在会后不久受到质疑。DESY董事会成员海因茨·贝格豪斯（Heinz Berghaus）在协会成立几个月后就对多贝尔会议上的文件表示了质疑，他公开抨击协会会长穆塞尔，指责他的政策方针根本是毫无用处的“傻帽儿”，穆塞尔没有成为出资机构的“忠诚帮手”，反而处处与之作对。[41]

然而，贝格豪斯的指责并不是导致大科学中心协会的首任会长于1970年春天辞职下台的原因，其根本原因在于穆塞尔的本职工作是马普学会等离子体物理研究所的主管所长，而他的上级马普学会勒令他卸任该协会的会长职务。马普学会主席阿道夫·布特南特（Adolf Butenandt）当时是看了报纸才得知大科学中心协会的成立，而且出任该协会会长的居然是马普学会等离子体物理研究所所长。对布特南特来说，这事“十分不妥且后果严重”，他担心马普学会等离子体物理研究所可能脱离马普学会而独立出去。[42]布特南特的反应再次反映了马普学会和大科学中心协会之间的艰难关系，马普学会几年前就曾有不快的经历，当时马普学会流体所下属的空气动力学实验研究所同马普学会解除了关系，并入了作为大科学研究中心之一的德国航空航天研究试验院。[43]德国科学基金会同样也对大科学中心协会这个德国科研体系的新星持怀

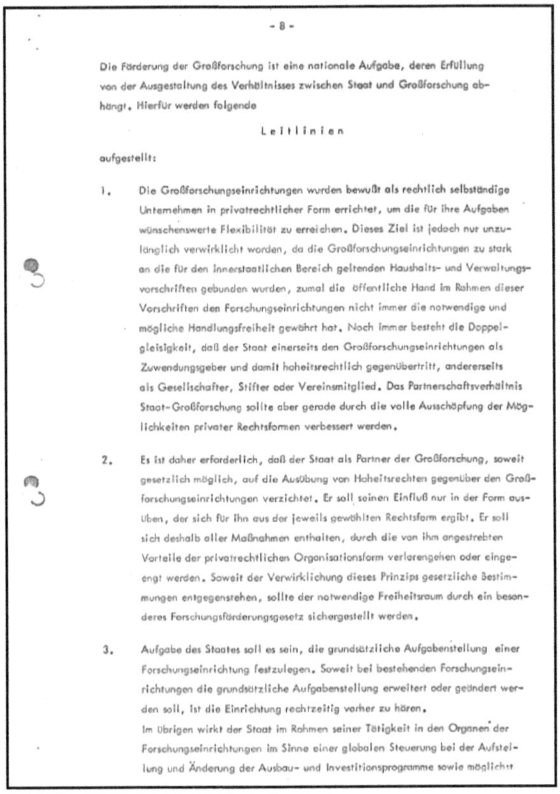
- 8 -

Die Förderung der Großforschung ist eine nationale Aufgabe, deren Erfüllung von der Ausgestaltung des Verhältnisses zwischen Staat und Großforschung abhängt. Hierfür werden folgende

Leitlinien

aufgestellt:

1. Die Großforschungseinrichtungen wurden bewußt als rechtlich selbständige Unternehmen in privatrechtlicher Form errichtet, um die für ihre Aufgaben wünschenswerte Flexibilität zu erreichen. Dieses Ziel ist jedoch nur unzulänglich verwirklicht worden, da die Großforschungseinrichtungen zu stark an die für den innerstaatlichen Bereich geltenden Haushalts- und Verwaltungsvorschriften gebunden wurden, zumal die öffentliche Hand im Rahmen dieser Vorschriften den Forschungseinrichtungen nicht immer die notwendige und mögliche Handlungsfreiheit gewährt hat. Noch immer besteht die Doppelgleisigkeit, daß der Staat einerseits den Großforschungseinrichtungen als Zuwendungsgeber und damit hoheitsrechtlich gegenübertritt, andererseits als Gesellschafter, Stifter oder Vereinsmitglied. Das Partnerschaftsverhältnis Staat-Großforschung sollte aber gerade durch die volle Ausschöpfung der Möglichkeiten privater Rechtsformen verbessert werden.

2. Es ist daher erforderlich, daß der Staat als Partner der Großforschung, soweit gesetzlich möglich, auf die Ausübung von Hoheitsrechten gegenüber den Großforschungseinrichtungen verzichtet. Er soll seinen Einfluß nur in der Form ausüben, der sich für ihn aus der jeweils gewählten Rechtsform ergibt. Er soll sich deshalb aller Maßnahmen enthalten, durch die von ihm angestrebten Vorteile der privatrechtlichen Organisationsform verlorengehen oder eingeengt werden. Soweit der Verwirklichung dieses Prinzips gesetzliche Bestimmungen entgegenstehen, sollte der notwendige Freiheitsraum durch ein besonderes Forschungsförderungsgesetz sichergestellt werden.

3. Aufgabe des Staates soll es sein, die grundsätzliche Aufgabenstellung einer Forschungseinrichtung festzulegen. Soweit bei bestehenden Forschungseinrichtungen die grundsätzliche Aufgabenstellung erweitert oder geändert werden soll, ist die Einrichtung rechtzeitig vorher zu hören.
Im übrigen wirkt der Staat im Rahmen seiner Tätigkeit in den Organen der Forschungseinrichtungen im Sinne einer globalen Steuerung bei der Aufstellung und Änderung der Ausbau- und Investitionsprogramme sowie möglichst

1970年1月闭门会议形成的“多贝尔论纲”传真文档，论纲是创办大科学中心协会的基石

疑态度，并且这种怀疑持续了许多年。简而言之：就像同一时期弗劳恩霍夫协会改组为以合同制研究为主的伞形学会所面对的同样遭遇，原来已有的科研机构刻意疏远新成立的竞争对手，因为在这个时期大家需要开始拼抢国家有限的资源供给。[44]更糟糕的是，就连联邦教育与科学部部长对大科学中心协会也持保留态度，洛伊辛克认为大科学中心协会简直是在对他的部门和部委人员挑衅，居然连他本人也是通过媒体才知道该协会成立。他认为大科学中心协会的成立根本不讨人喜欢，也不会有什么好结果。国务秘书汉斯·冯·黑珀（Hans von Heppe）转达他身边官员对此事的意见，说该协会虽然可以促进协调大科学研究和政府之间的关系，但是可能“会带来很多令人不愉快的副作用”，他们应该“已经尝到苦头”——黑珀提到该协会居然贪心地抱怨1971年核研究中心的预算“仅仅只是”增长了5%。[45]联邦财政部、内政部和联邦审计院对该协会就更为不满，它们担心该协会可能演化成为公共规章制度的敌对面。

大科学中心协会作为新生儿从诞生之日起并不是呵护有加。在它最后终于成熟走上比较平稳的人生轨道之前，不得不花二十年时间经历种种青年时期危机的磨炼。这本来就是成长的“自然规律”，青少年总是充满太多青春幻想、缺乏足够耐心，也难以确定对自身的身份认同。无论是个人或者机构基本上都是这样的发展过程。

虽然困难重重，但大科学中心协会的工作依然也有一个重大成果：在大科学中心协会的强烈要求下，洛伊辛克宣布成立一个工作组，研究“主要由公共资金支持的大科学研究机构独立法人财务法规的编撰”，该工作组由来自部委和大科学中心协会的代表组成，双方代表人数相同、地位平等。1972 年出台的财务法规虽然没有满足大科学中心协会成员的所有要求，但是在其他条件都不变的情况下，大科学研究中心的财务管理自由度提高了，与其他研究机构特别是高校相比，大科学研究中心拥有相对更优越的财务自主权。从 40 多年后的今天回顾这段历史，财务法规的出台可以说取得了很大的司法层面的成功，该法规实行了很长时间，直到 2013 年才因为《科学自由法》的颁布而进行了多处修改。

还有一点大科学中心协会也做得相当成功，尽管一开始许多既有科研机构都对大科学中心协会持保留态度，但它仍然能够济身其间与各家科研机构进行地位平等的对话，大科学中心协会甚至也从联邦层面上参与了科研政策的决定过程。1966 年格尔哈特·施多滕贝格出任联邦科学研究部部长之后，他定期邀请所谓“神圣联盟”的主席碰头进行对话咨询，“神圣联盟”起初只有四大科研机构（德国科学基金会、马普学会、科学委员会和西德高校校长联席会议）。1974 年霍斯特·艾姆克（Horst Ehmke）就任联邦科学研究部部长后也延续了这个机制，他和联邦研究技术部、联邦教育科学部的国务秘书由此能与科研机构的主席会面交流。大科学中心协会和弗劳恩霍夫协会被添加到“神圣联盟”的名单中，这无疑证明了大科学中心协会在联邦德国科研创新体系中的重要地位。大科学中心协会充分利用这一平台，投入了很多精力与科学委员会、德国科学基金会及作为高校代表的西德高校校长联席会议进行双边磋商，巩固其作为科研机构的地位，并积极参与了如资助青年科研人员的海森堡计划在内的一些联合项目。

然而德国科学基金会对于把大科学研究机构视作科研单位持保留态度。大科学中心协会十分鼓励大科学研究中心申请加入德国科学基金会，然而直到 1974 年年中，仅只有半数研究中心通过了申请，那些偏于应用研究的研究中心则成批地被拒之门外。虽然负责科研的国务秘书汉斯-希格尔·豪恩希尔德（Hans-Hilger Haunschild）亲自出面，与德国科学基金会主席汉兹·迈尔-莱布尼茨（Heinz Maier-Leibniz）交涉了这些中心的事情，但德国科学基金会仍然在第二年否定了 DKFZ、GSKK、GMD 和 GSI 的会员资格申请。

因此下面的情况并不令人觉得奇怪，20 世纪 70 年代末期大科学中心协会开展了内部中期评估，虽然大科学中心协会在联邦德国科学创新体系中奠定了自身第三根支柱的地位，“尽管已经是联邦德国科学技术界的巨擘，可仍是科技政治界的矮子”。[46]

现实地看看大科学中心协会的资源，就能发现它显然难于同早已建立的大型科研机构去竞争。马普学会和弗劳恩霍夫协会是联邦德国科学创新体系的另外两大支柱，这两大支柱的管理部门在 20 世纪 70 年代中期急剧扩张，人数迅速达到了过百人的规模。相形之下大科学中心协会的管理部门简直形同虚设。[47] 大科学中心协会会长只是兼职而且是孤家寡人一个。1973 年，大科学中心协会的会长霍斯特·尼迈尔（Horst Niemeyer）提议，在新建成的波恩科学中心大楼里租用几间办公室、设立大科学中心协会总部办公室。他还建议聘用专职秘书长来协助会长的工作，专职秘书长可以确保管理工作的连续性并管理文书档案。这个新的大科学中心协会总部办公室应该根据下属科研中心的规模抽取办公运行经费。联邦教育与科学部视此提案“毫无意义”，联邦财政部最初也不同意。[48] 在克服这些阻力之后，1976 年 3 月霍斯特·扎乔克（Horst Zajonc）出任大科学中心协会的首位协会秘书长，可他好多年都只能孤身一人坐在宽宽的走廊上办公。

位于波恩-高德巴德斯贝格的科学中心
图片来源：M. Sondermann/波恩市

直到吉斯贝尔特·普特利兹男爵（Gisbert Freiherr zu Putlitz）出任会长后的1981~1982年，大科学中心协会才终于得以搭建起由秘书组和专职人员构成的管理架构。但直到80年代末，大科学中心协会总部办公室的员工人数仍旧屈指可数，管理架构非常弱。之所以能保持乐观情绪，是因为大科学中心协会与联邦教育与科学部找到了利益重合点。早在70年代中期开始，科学委员会便指出大科学研究已经发展成为科研体系的固定组成部分，因此在科研政策中应发挥更强的科研职能部门的作用。联邦德国政府有意要求“每个国家项目至少应纳入一家大科学研究机构”。[49]卡尔·海因茨·贝克特（Karl Heinz Beckurts）是影响力颇大、执行力也很强的一位协会会长，他在20世纪80年代初也一针见血地指出：“从长远来看，如果在政治上确信大科学研究机构是成功的和必要的，那么联邦德国政府必须从财政预算上安排更高比例的经费投入”。[50]

这种相互依赖的局面致使联邦德国政府于20世纪80年代提出许多旨在增强大科学研究的倡议。1982~1983年政府换届期间，在经历科研政治“转折”之后，有人提议要加强大科学研究和工业之间的对话，以此推进大科学研究中心向合同制研究发展，建立市场导向机制和技术转移模式，提升大科学研究在经济、创新政治中的作用。[51]这些促进大科学研究发展的举措都被记录在《大科学研究机构现状及前景展望》一书中，这是联邦德国政府专门组织的课题研究成果，发表于1984年4月（BT-Drucksache 10/1327），初版三个月后，又在补充了评论意见之后再版（BT-Drucksache 10/1771）。1985年大科学中心协会作为回应发表了《论20世纪八九十年代大科学研究的主题导向》。又经过一年，联邦德国政府发表了相关举措的进展情况报告，结论也是非常正面的。尽管时间较短，但一些举措已经成功实施，其他有些提议可能还不算完备，但总体来说还是成功的。两年前就已然预见，“能源，特别是核能领域的大科学研究被大幅度削减”，相比而言大科学研究“更多致力于面向未来的新任务”，这些任务大多指向信息技术、制造技术、材料研究和生物技术等领域。[52]对于受经济界和媒体责难与批评缺少效率的大科学研究，联邦德国政府已经是竭尽其能在为其背书了。

在本章的末尾，我们再展望一下未来：回顾亥姆霍兹联合会的历史，它的前身机构在成立时便携带者与生俱来的先天缺陷，这些缺陷很大程度上阻碍了其科技政治执行能力的发挥。大科学中心协会成员机构强烈要求外界给予它们自治权，却没有打算为了增强整个组织的共同力量而让渡一部分自身的权力。大科学中心协会章程中规定，各大科学研究中心有权利对外发表不同的观点，但这一权利“常常不计后果地被滥用”。[53]大科学中心协会内部开始产生自我怀疑，主要是各个大科学研究中心不想放弃自己的主权来构建跨中心的协会共同决策机制。自我怀疑和要求自治，导致大科学中心协会的发展受阻。更加严重的是大科学中心协会失去了科研政治界的重视，最终遭到公共财政支持和规划设计的抛弃。到20世纪80年代后期，越来越多的人认为大科学研究已经过气了——人们常将大科学研究比作行将沉没的“笨拙的油轮”或“腐朽的驳船”。[54]在关于大科学研究中心行将就木的辩论中，有人建议把大科学研究中心的基础研究部分划分给马普学会，把应用研究部分划分给弗劳恩霍夫协会，这样就可以成功地消解大科学中心协会的存在。[55]

5. 两德统一及更名为亥姆霍兹联合会：20世纪90年代的大科学研究

由于大科学研究中心在结构体制上存在先天的难以调和的问题，各参与方都心存畏惧。大科学中心协会在1991年秋季联邦研究部题为《德国统一后大科学研究机构的现状和前景》的报告中总结道："20世纪80年代，大科学研究机构削减了约1000个计划岗位"，而且"在120个研究所之中，约1/4都经历了解散、合并或推倒重来全新定位。"[56]尽管如此，大科学研究机构的成本在此期间却不成比例地增长，联邦研究部的总预算有近30%都花在大科学研究上。有人甚至担心，大科学研究将会"慢慢耗尽"联邦研究部的财政预算，政府将没有资金去资助在政治上享有优先权的研究项目。[57]为了走出困境，大科学研究中心被要求进行改组，需要大量减少"基本人员开支"，即将关闭的大科学研究机构不得上手新的研究领域；更重要的是应该"建立机制从而可以关闭不当项目或缩减人员"；此外还应加强创办企业，并把一些单位部门转让给高校或者由弗劳恩霍夫协会打理。[58]这些"笨拙的油轮"和"腐朽的驳船"应增加灵活性，通过经常的、严格的评估为科研机构找到了发展方向。随着两德统一，人们暂时搁置了彻底改革大科学研究或者具体评估大科学研究机构绩效的争论，优先考虑如何在原民主德国境内开办新的研究中心。相关问题进入到一个新层面。

受益于冷战时期高强度的科技研究，我们现在了解到，欧洲当时尽管形成了不同的政治阵营，但仍还有许多跨系统的科学合作。合作强度虽说伴随着全球政治形势的变化，但铁幕之下也还是有可乘之机，科学界内部存在许多不同形式自发出现的"隐秘"合作。[59]只不过在地处冷战前线的国家和地区，这种合作相对更少而已。联邦德国和民主德国当年就在科技领域既窥视对方又充满猜疑，因为对于民主德国来说，为努力使自己的科技创新能力达到"世界标准"，联邦德国就是它最好的标杆。

罗森多夫试验反应堆WWR-S
图片来源：联邦德国档案馆

大科学研究也面临着相同的情况。冷战开始后，特别是民主德国实施隔离政策之后，几乎无法接触到民主德国的科学家和科研机构，到20世纪80年代中期，联邦德国的大科学研究中心及研究所和民主德国科研机构之间的关系才有所改善。最开始，双方的接触仅限于邀请对方的专家来做报告，并没有其他合作。直到1987年秋天，民主德国和联邦德国签署了科学技术合作协定，双边科学界的交往才越来越密切，但这种交流还是停留在比较保守的水平上，特别是在民主德国受到了政治的限制和控制。值得一提的是，高能物理领域的合作是一个特例，从20世纪50年代开始，该领域的合作一直没有受到政治因素的影响。此间，西欧的CERN中心成为领先的核研究及高能物理研究机构，该机构与苏联杜布纳的研究所有许多合作，其缘由是苏共领袖尼基塔·赫鲁晓夫（Nikita Sergeyevit Khrushchev）传奇性地造访了位于英国哈韦尔的核研究中心，这一事件是两大阵营开展相关领域合作的开端。1955年，首届国际和平利用原子能会议召开，才算真正打碎了横亘在东西方阵营之间的寒冰。[60]

DESY两位所长弗克尔·泽格尔（Volker Soergel，左）、保罗·泽丁（Paul Söding，右）同来自措伊滕民主德国科学院高能物理所的所长卡尔·拉纽斯（Karl Lanius，中）签署合作协议，汉堡，1988年8月18日
图片来源：DESY

同国际上的紧密合作相呼应，汉堡的DESY也同措伊滕高能物理所建立了合作，[61]柏林墙建起后双方的合作一度停摆，到了80年代，双边的联系在合作协定的基础上又变得紧密了。20多位来自措伊滕的物理学家参与了HERA加速器实验——这是两德科技合作很好的例子。

对联邦德国的大科学研究机构而言，不论从数量还是质量上看与民主德国的合作都同其他国际合作有可比性，因此人们也把德德合作看成是一种“特殊关系”。1989年11月柏林墙倒塌，民主德国的民主化进程让情况产生了翻天覆地的变化，之前阻碍两德正常科技合作的政治障碍也得以扫清。双边很快建立了各种各样的联系，从相互交流访问、互借设备，到研究所装备的现代化建设，再到科研课题的分配。例如，1990年初，布伦瑞克的德国生物技术研究协会就同耶拿的微生物学及实验治疗中央研究所共同申请了一项专利，这是两德首次共同申请专利。截至1990年2月，两德之间已经有大约40项具体的合作协定，合作领域主要涉及物理学基础研究、核反应堆安全、环境研究、生物技术、信息技术及材料与生命科学研究。在1990~1991年，大科学研究中心为科研合作投入的经费约2000万德国马克。合作内容也包括大科学中心协会为民主德国的非高校科研机构提供专家服务，就机构运营模式的现代化及如何适应联邦德国科研体制等问题提供建议和咨询。

民主德国的科研创新体系有三大支柱，分别是大学、科学院和工业联合企业，这同联邦德国多元的科学体系有很大差异。因此，如何将差别巨大的两个科研体系融为一体是两德统一过程中最复杂的任务之一。鉴于工业联合企业内部的科研活动在民主德国经济转型的过程中已经完全丧失，科学委员会于1990年9月23日起，按照统一条约第38条的有关规定，集中力量对（民主德国）非大学科研机构进行学术评估。此次评估的目的是要把民主德国的科研活动融入联邦德国的科学创新体系中来，既要符合学术自由、管理自由和相得益彰的特点，又要与联邦德国的科研力量和科研资源相适应。作为民主德国非大学科研的支柱，民主德国科学院成了此次评估的重点。[62]

根据统一条例和相关讨论，两德统一后的德国在科研方面应当援引过去联邦德国的模式形成统一的体系。在原民主德国的土地上建立新的大科学研究中心也被提到了日程表上，虽然一些人认为在民主德国并没有大科学研究，但是1956年在民主德国成立的德累斯顿罗森多夫核物理中央研究所绝对符合传统意义上对大科学研究的定义。[63]无论从建立的时间点还是建立的目的来看，该研究所都是可以和联邦德国的卡尔斯鲁厄及于利希研究中心相提并论的。而在1989~1990年的冬天，德累斯顿提出建立一个新的大科学研究中心，按此倡议，原科学院核研究所、科学院固体物理与材料研究所及控制论与信息流程中央研究所的某些部门可以联合构成一个大科学中心。德累斯顿方面表示，当地的理工大学可以成为大科学研究中心得力的研究伙伴，1990年春成立的萨克森州政府也表示支持在州首府德累斯顿建设大科学研究中心。

当时没有核准在德累斯顿成立罗森多夫研究中心的主要原因包括经济上的不确定性、核研究设施收购的政治因素及随之而来的核废料处理问题。在科研用核反应堆及其他核研究设施关闭之后，随着罗森多夫这个地区学术地位的提高，这才彻底扫清了民主德国大科学研究机构加入大科学中心协会的障碍。然而，这是相当漫长的过程。直到 2011 年，德累斯顿罗森多夫研究中心（HZDR）正式加入了亥姆霍兹联合会，此前二十年里它挂靠在戈特弗里德·威廉·莱布尼茨联合会（也就是现在的莱布尼茨联合会）。在这二十年里，该中心的研究重点逐渐从传统的核物理研究转向材料学研究，并为此成立强磁场实验室和不同的高强辐射装置，并增加了以癌症为代表的生命科学研究。这也使它更“符合”亥姆霍兹联合会对下属单位的科研定位。

德累斯顿罗森多夫研究中心在 1991 年的夏天没有被科学委员会纳入大科学研究中心的改编计划，[64] 而德累斯顿的竞争对手莱比锡却有幸成了环境研究中心的开办城市[65]。在 1991 年底 1992 年初，莱比锡的环境研究中心正式开张，对于它的成立，除去科学方面的动因，来自科研政治和地区方面的原因也起了关键作用。从地区方面来看，莱比锡 - 哈勒地区主要发展（老式的）化学工业和褐煤开采工业。由此制造了严重的环境问题，那里的土壤需要修复净化，社会对环境问题的不满越积越多，迫切需要找到合适的解决方法。从科学方面来看，莱比锡有相当多的研究机构，如科学院同位素和辐射研究中央研究所，该研究所在化学分析、生态学和农业方面都有很深造诣，这个研究所当时面临着改组，或者更确切地说是面临着倒闭的威胁。正是在这种特殊背景下成立了环境研究中心，该中心研究的主要内容是“在被人类使用和破坏的地区，尤其是以人口稠密的城市地区、工业地区及自然地区为对象，研究人与环境之间复杂的相互关系”。

在关于大科学中心协会在民主德国建立新研究中心的讨论中，位于柏林布赫的医药生物研究所成了焦点。早在 20 世纪初期，位于柏林市郊的布赫就成为许多诊所的所在地，1930 年威廉皇帝脑科学研究所在布赫成立，该研究所不仅在现代脑研究界占据领先地位，更是早期的分子生物学研究中心。威廉皇帝脑科学研究所在第二次世界大战后期曾卷入纳粹德国臭名昭著的安乐死计划中，[66] 它与几个诊所一起并入到民主德国科学院下属的医药生物研究所中。随后几年下来，布赫“既有基础研究也有临床研究”，逐渐成为国际知名的癌症、心脑血管疾病及分子生物学研究地，这里的基础研究和临床之间的结合堪称典范。[67] 到 20 世纪 80 年代末期，布赫拥有“分子生物学”“癌症研究”“心脑血管调控机制研究”这三家科学院下属的研究所，以及两家拥有 300 个床位的研究性医院，雇员人数达到 1600 人左右，其中近 1000 人都是科学家或医生。两德统一后在此基础上成立了马克斯·德尔布吕克分子医学研究中心 (MDC)，该中心自 1992 年 12 月起开始运营，雇员人数不到 1000 人。从海德堡来的药理学和高血压研究专家德特列夫·甘滕（Detlev Ganten）出任中心的创始主任，他认为 MDC 的主要任务就是“用分子生物学、细胞生物学和生理学方法从事现代医学和临床学研究”。[68]

第三个在民主德国地区成立的新大科学研究中心位于波茨坦。[69] 自 19 世纪后期开始，在波茨坦的电报山上就聚集了很多地学研究机构，其中包括世界知名的天文观测台“爱因斯坦塔”。第二次世界大战结束以后，这些研究机构在科学院的管理下继续运作，并形成了民主德国境内最大的科研集群，其研究成果也得到国际的认可。在科学委员会对其的评估中，尽管波茨坦的研究所在机构管理和设施装备等方面存在诸多问题，但同时也发现民主德国是以电报山为核心形成了大地测量学、地球物理学、地质学、地球化学和实验矿物学等地学研究领域综合优势学科。

新成立的中心打算延续波茨坦的传统，建成一个多学科的地学研究中心，以“未来国家级大陆地质研究机构中领军者”身份，来承担德国对应于地学研究领域的“大科学中心协会所应承担的任务”。[70] 科学委员会的推荐很快被采纳，1992 年 1 月 1 日位于波茨坦的德国地学研究中心（GFZ）正式开始运营。在随后的几年时间里该中心发展势头强劲，满足了成立之初所赋予的期望：它不仅推动了德国地学研究的发展，更是从数量上及质量上提升了大科学中心协会 / 亥姆霍兹联合会的学术覆盖面。

同样地处波茨坦的民主德国极地研究所被作为外设分支单位合并到本部在不来梅的阿尔弗里德·魏格纳极地与海洋研究所，这是与此前在民主德国境内新

位于莱比锡的亥姆霍兹环境研究中心（UFZ）
图片来源：UFZ

位于柏林布赫的马克斯·德尔布吕克分子医学研究中心（MDC）
图片来源：MDC/O. Seumenicht

主楼前的岩芯石柱阵，拍摄于位于波茨坦电报山上的亥姆霍兹德国地学研究中心（GFZ）
图片来源：GFZ

成立的三个大科学研究中心采用的不同模式。为实现在民主德国区域内建立大科学研究体系，势必将本地一些小的科学院体系的科研单位归并到现有的大科学研究中心里面去，这时开设分支机构是个主要办法。在原民主德国境内共设置了7个这样的分支机构，举例来说1992年位于措伊滕的科学院高能物理研究所在评估中得到了良好正面评价，被批准作为汉堡DESY的外设机构加入联合会；还有，位于柏林近郊泰尔托的科学院高分子聚合物研究所则变成了GKSS下面的外设分支机构。

原民主德国科学院下属的宇宙研究所是一个比较特殊的例子，该研究所在民主德国时期主要从事太空研究和相关的机密性活动。[71] 在光学工业蓬勃发展（特别是耶拿的卡尔蔡司公司）的大背景下，该研究所在INTERKOSMOS联盟号项目框架下发展出开发太空任务科学仪器的优势。自从1976年的联盟号航天飞行项目开始，它所研发的MKF-6型号多光谱照相机广泛地用于苏联太空探测的航天飞行器。1978年6月21日苏德双方甚至签订了政府条约，该研究所因此从政治层面和苏联有十分紧密的联系。[72] 宇宙研究所拥有的背景、设施（如位于施特雷利茨的卫星地面站）引起了联邦德国航天科技的极大兴趣，希望能够早日成为合作伙伴。与宇宙研究所开展具体对话的时间要比其他研究所更早。联邦德国航天事务署（DARA）早在1990年2月就对宇宙研究所做出了积极的评估，两个月之后德国航空航天中心就同其签署了第一个合作协定。科学委员会的评估结果显示宇宙研究所的研究具有国际水准，完全够条件可以加入德国航空航天中心。1992年初正式开始改组宇宙研究所，该研究所超过2/3的雇员（400余人）加入了德国航空航天中心，一部分研究太空物理的人员则并入了马普外太空物理研究所。

新加入的这些大科学研究中心不仅扩大了德国大科学研究的规模，更提高了大科学研究的质量：柏林布赫的马克斯·德尔布吕克分子医学研究中心为医学、临床学研究及分子生物学分析提供了新的可能性。波茨坦的德国地学研究中心在很大程度上拓宽了地学研究的范围。

莱比锡的环境研究中心也为大科学中心协会开辟了一片新天地，同时也可以为解决德国中部地区的环境污染问题做出贡献。对民主德国科学院的评估和改组也对联邦德国的科学生态产生了影响，特别是对于大科学研究机构影响很大。原联邦科学与技术部的国务秘书格布哈德·齐勒（Gebhard Ziler）曾在1991年春天和大科学中心协会的各位行政管理副主任的交谈中提到，此前科学委员会关于大科学中心未来走向的讨论很快就将再次引燃，“而且那些从民主德国新加入进来的大科学中心会经受非常严格的评估，而联邦德国的那些大科学中心便无此必要”。[73] 20 世纪 90 年代初期，由于紧张的经济形势和之前提到的种种原因，社会上又开始关于大科学研究机构的定位和未来走向的讨论。关于大科学研究机构定位的一个讨论焦点，就是提出要加快科研成果向产业化的转化，经济界的几位代表再次提出，应该将大科学研究看成是工业产业链的一个延伸。这种提法在公共舆论和政府中没有产生什么共鸣，大家都认为这种提法过于功利化，但它们反映了当年正处在转型期的大科学研究所面对的巨大社会压力。

关于如何度过危机的讨论不仅仅局限于公开讨论和政府中，也存在于大科学中心协会内部。1994 年夏末，在召开各中心科学主任和行政主任参加的例行会议时，除了讨论当前的热点问题外，还非正式地对大科学中心协会未来的架构进行了讨论。1994 年 10 月 31 日，于利希研究中心主任和现职大科学中心协会会长约阿希姆·陶意希（Joachim Treusch）、卡尔斯鲁厄核研究中心主任曼弗雷德·波普（Manfred Popp）、大科学中心协会创始会长昂斯特 - 约阿希姆·穆塞尔及 DESY 行政管理主任赫尔穆特·克莱希（Helmut Krech）一起开了一个会议，并在 11 月莱比锡的全体成员大会上，由陶意希报告了会议记录和讨论结果。四人会议纪要把大科学中心协会进行结构调整的主要目标界定为要“全方位地介入大科学研究中心日常管理的事务中来，同时加强自我设计能力和相关保障措施”。[74] 为实现这一目标，建议“增设评议会，并巩固增强研究联盟”。[75] 此外还提议，新机构应该像马普学会和弗劳恩霍夫协会一样，用一个大科学家的名字来命名。更名主要是为了去除名称中的大科学研究这个词，因为采用“大”这个字界定各个研究中心显得比较片面，容易给其形象带来负面影响。[76] 在提名以谁的名字命名的时候，有提议戈特弗里德·威廉·莱布尼茨，这位 17 世纪的学院派的开创者和学术全才；也有提议 1986 年遭恐怖分子杀害的卡尔·海因茨·贝克特，贝克特曾长时间担任于利希研究中心科技主任，也曾是大科学中心协会最有影响力的会长之一，尽管他最后转到西门子股份公司出任董事会成员。最后选定

卡尔·海因茨·贝克特（Karl Heinz Beckurts，1930~1986年）
图片来源：于利希研究中心

的是赫尔曼·冯·亥姆霍兹。[77] 选择亥姆霍兹有多个原因：作为 19 世纪最重要的自然科学家之一，亥姆霍兹在科学上有很高造诣；他的知识范围横跨多个学科，从医学到生理学再到物理学；他在科学活动组织和科研政策方面也很有天分，因此他被人称为“科学大臣”，这是既带赞美也有几分揶揄的称谓；不得不提的还有，他创立了德国物理技术研究所并担任所长，这是第一所现代大型科学研究机构。可见亥姆霍兹这个名字非常吻合大科学中心协会想为大科学研究树立良好的政治、社会形象的诉求。

大科学中心协会为保证协会的重组能够产生最大的公众效应，人们打算在 1995 年 11 月份召开年度大会之前完成全部转换，并与大科学中心成立 25 周年的庆典活动组织在一起。时间非常紧迫，由于各个中心复杂的利益关系和他们所拥有的自治权，改组并非没有风险。举例来说，一个署名“建设性的怀疑者小组”1995 年在给陶意希的一封信中明确写道：“作为一个社团组织，大科学中心协会至今还没有提出什么战略规划方面的新调整。”这个小组的牵头人是 GSI 的汉斯 - 约阿希姆·施佩希特（Hans Joachim Specht）、DESY 的布乔恩·维克 (Björn Wiik) 及 AWI 的马克思·迪茨那 (Max Tilzner)。他们批评来自社会和政界背景的人占据了评议会的太多席位：理应通过“增加科学界代表予以平衡，拟邀请国际上优秀的科学家从国际视角评审大科学研

“1995 年，亥姆霍兹国家研究中心联合会的成立，既不是为了增添更多政治影响，也不是想限制研究机构的自主权。当时的目的是要给高校和非大学研究机构更高的自治权，是着眼于更好的学术卓越性和国际化程度，也是希望克服基础研究和应用研究之间的鸿沟。政府应该少用奖金作诱饵或以行政命令干预科研与教学。在过去的几年中，我们看到这一改革颇有成效，我相信以后还会越来越好。只有给予高校和研究机构足够的信任，才能得到满意的、优秀的结果。”

于尔根·吕特格斯(Jürgen Rüttgers)
1994~1998年任联邦德国教育、科学、研究与技术部部长

究机构的工作，并对大科学中心应把重点放在哪些领域给出合理建议”。[78]

1995 年 2 月 4 日，在瑞恩博格王宫（Schloss Ringberg）召开的内部闭门会议上，大科学中心协会的成员单位负责人共同形成最终决议。[79] 在大科学中心协会陶意希会长的亲自主持下，大家就大科学中心协会的改组事宜进行了激烈讨论，最终一致接受会长提出的基本方针，同意将大科学中心协会更名为“赫尔曼·冯·亥姆霍兹国家研究中心联合会”，并认同应该组建评议会。修改后的联合会章程将从 1995 年 11 月 13 日起开始生效。本次大科学中心协会的决议排除了政府的直接影响，陶意希会长事前在同德国联邦教育、科学、研究与技术部部长于尔根·吕特格斯（Jürgen Rüttgers）和该部国务秘书的交流中，被授权可以在这次闭门会议上“对讨论结果做出决定”。在瑞恩博格会议结束之后没两天，陶意希就向联邦教育、科学、研究与技术部部长和国务秘书汇报了闭门会议的决议。大科学中心协会随即走上了不可逆转的改革之路。在 11 月大会召开前的几个月，大科学中心协会的主要任务是遴选评议会成员。评议会的主要职责是制定研究战略，并向政府推荐符合国家和国际利益的科研领域，之后大科学研究中心就可以在这些领域进行高水准的自主性研究。设置评议会不仅是为了保障研究自由，更为了削弱政府（或者确切地说联邦教育与研究部）对大科学研究中心的直接干涉，以此维持政府影响和科技界自主性之间的平衡。此外，通过设立高水准的评议会也旨在改善大科学研究中心的形象，推进“更进一步的统一和整合”。[80] 最后通过吸纳经济界的高层次专家加入评议会，希望改善和工业界的合作，这方面的合作过去由于结构性问题做的一直不太顺利。安排给评议会的任务具体如下：[81]

——对科研战略方面的问题提供咨询并给出建议；

——对联合会的项目预算提供咨询，并审阅年度报告；

——设立研究联盟并监督其工作；

——全程跟踪主导性项目；

——监督质量控制流程（结构委员会、任命程序、评审程序）；

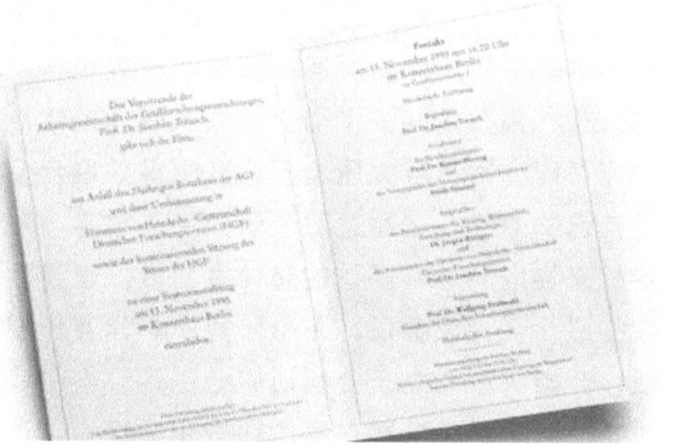

1995年11月13日庆典活动邀请函（影印件）

大科学中心协会变身为亥姆霍兹联合会的更名仪式现场照片，地点在柏林宪兵广场的国家剧院，照片中第一排的四位分别是（从左到右）：DGF主席沃夫冈・弗吕瓦尔德（Wolfgang Frühwald）、联邦德国总统罗曼・赫尔佐克（Roman Herzog）、亥姆霍兹联合会会长约阿希姆・陶意希、州长海德・西蒙尼斯（Heide Simonis）。（影印件）

——根据全体会员大会推荐任命联合会领导班子。

鉴于马普学会、德国科学基金会、德国物理技术研究所等其他科研机构都设有结构和功能相似、效果很好的指导委员会或监事会，以此为参考，大科学中心协会以较短的时间便确定了评议会的未来工作范围。但是具体怎样确定评议会的25位成员代表的组成则花了很长时间，最后讨论达成的结果是：4名代表来自四大科研机构（MPG、FhG、HRK*、DFG），4名代表来自政府部委（联邦教育与研究部、联邦财政部和联邦州代表），9名来自国内外高水平的科学家，最后还有8名来自经济界和社会界的高层次专家代表。联合会主席也出席参加评议会会议，并担任会议主持人。此外也可以有其他人旁听会议并发表个人观点，但这些旁听者不享有表决权。评议会的成员结构保证了科技界代表比经济界、政治界代表拥有多一票的表决权。评议会成员的聘期为3年，可以连任一届，评议会成员不是由国家或部委直接任命，而是经由全体成员大会推荐后由来自联邦政府和联邦州的代表组成的出资者委员会任命。这样就进一步削弱了政府对亥姆霍兹联合会的直接干预。有些批评者认为亥姆霍兹联合会过度弱化了政府部门的权力，此前对联邦研究与技术部（BMFT）用以资助大科学研究机构的资金，政府虽然也不能实施独断式的干预，但毕竟还有很大程度决定权和影响力。亥姆霍兹联合会评议会的成员包括来自巴塞尔的生物化学家马克斯・布格尔（Max Burger）、来自马格德堡的物理学家齐格弗里德・格罗斯曼（Siegfried Grossmann）以及马普萨尔布吕肯计算机研究所所长库尔特・梅尔霍恩（Kurt Mehlhorn）等知名科学家。经济界的成员有出版商胡贝尔特・布尔达（Hubert Burda）、Jenoptik公司的罗塔・施派特（Lothar Späth）、德国铁路公司董事长海因茨・杜尔（Heinz Dürr）等。DFG主席沃夫冈・弗吕瓦尔德、萨克森州科技部部长汉斯-约阿希姆・迈尔（Hans-Joachim Meyer）和MPG主席汉斯・扎赫尔（Hans Zacher）等均入选了评议会，并在科技政治方面发挥了很大影响。1995年11月13日上午，评议会在柏林正式成立，当天下午在柏林宪兵广场剧院举办了大科学中心协会成立25周年的典礼，德国联邦总统罗曼・赫尔佐格（Roman Herzog）出席。在庆典过程中举行了"赫尔曼・冯・亥姆霍兹国家研究中心联合会"的更名仪式。在仪式上，德国科学基金会主席弗吕瓦尔德致贺词，并阐述了亥姆霍兹联合会这个名字的含义。[82] 他不仅提到新名字为大科学中心协会的科研工作树立了很高的科学标杆，更从科学和科研政治的角度评价了新的亥姆霍兹联合会：[83]

*HRK指德国高校校长联席会议。

“这个联合会改名的初衷，原本是迫于形势想去掉名字中的‘大’字，以避免大家对大科学研究的误读，也可以抵消各种紧缩政策下的裁员要求。更名为亥姆霍兹联合会是个机构性的创新。[84]更名是在为自己的改革和工作成效起誓，至少我本人从德国及欧洲科研机构的角度是这样看的，我想说的是，也许连亥姆霍兹联合会自己也没有意识到，更名后的亥姆霍兹联合会对科学而言代表着一种国际文化，代表着理论和实际的统一，代表着基于科技和经济之间独立与平等为前提的合作，代表了发现和应用新知识的社会责任感及不断的制度创新。”

弗吕瓦尔德在讲话中还说，政府或者确切地说是和大科学研究机构相关的国家部委及州政府部门同意组建新的亥姆霍兹联合会及其领导委员会，这意味着“将自己手中很大一部分权力让渡给了科学界，由科学界进行自治。在当下这个时代，不仅仅是欧洲包括其他国家大多越来越强化政府结构，致使科学越来越多地受到经济和政治的影响。在这样的大背景下，德国政府能做出这样的举措可谓对科研机构极大的信任。”

弗吕瓦尔德还在亥姆霍兹联合会嘉宾簿上留言，称自己十分认同亥姆霍兹联合会肩负着很重的科学政治责任。作为德国科学基金会主席，他当然明了大科学中心协会此前已经加入了“神圣联盟”，并且也参与了建立联邦德国科技政治体系建设的工作。但大科学中心协会本身及会长的官方地位排在马普学会、德国基金会和弗劳恩霍夫协会之后。弗吕瓦尔德还敏锐地预言，亥姆霍兹联合会的成立将有力地促进大科学研究与原有科研机构联盟的进一步融合。所有科研机构自此将“风雨同舟”，对于和平使用核能、反应堆安全、可替代能源的经济性等此前一些科研机构并不需要面对的政治热点问题，大家将对这些问题共同提交答卷。

身为文学家的弗吕瓦尔德语言功底出众，他富有戏剧性的生动演讲打动了许多重要政治人物。他把亥姆霍兹联合会的成立定位为大科学研究历史上重要的、具有划时代意义的转折点，这是个正确的判断。自此大科学研究开始了快速追赶的步伐，这是大科学中心协会在成立之后的此前25年里所未能做到的。尽管如此，如何在大科学研究机构之间实现分权和集权之间的平衡仍是众人瞩目的焦点。在政府可能介入的巨大压力下，亥姆霍兹联合会捍卫了自己的立场，它通过每个研究中心放弃一部分自治权来换取科学共同体的整体独立性。在设立亥姆霍兹联合会评议会后，各个研究中心让渡出部分主权，开始听取独立于各科研中心的评议会的建议。对于此前全然是各顾自身的研究中心而言，这个调整是一个重大转折，极大地改变了它们的自我认知及其在国家科技和创新体系中所扮演的角色。

且不论这是分权的战略设定，抑或仅仅是历史的巧合或意外，亥姆霍兹联合会没有像MPG、FhG那样选择德语中的协会（Gesellschaft），而是选用了联合会（Gemeinschaft）。德国社会学奠基人费迪南·托尼斯（Ferdinand Tönnis）在他1887年的重要作品《联合会和协会》中区分了这两个相似概念的不同：联合会更加强调各自的独立性，而协会有可能被某些成员工具性地予以操纵。[84]在德国历史上特别是在“1914年理念”中，联合会和协会被认为是两个不同的概念，联合会是个像描绘德国人民品性一样纯粹、深刻的词；而协会用在比较浅显随意的像盎格鲁-撒克逊世界中的民众那样的场合。在托尼斯的著作出版100多年后，人们其实早已不把联合会和协会视作两个截然不同的概念，这两个词只是不同的表述而已。[85]但是对于亥姆霍兹联合会的各个成员单位而言选择联合会这个词有个好处，强调自己是由独立自治的个体机构自愿组成的联盟，因而从结构上来说与一体性的马普学会和弗劳恩霍夫协会存在很大不同。

“我自上任伊始就开始关注亥姆霍兹联合会的发展，1998~2005 年，作为联邦教育与研究部部长我参与到亥姆霍兹联合会的事务中。1999~2001 年，我倡导对亥姆霍兹联合会进行全面改革，固定其组织架构并引入项目导向的资助模式，当时遇到了非常大的阻力，一些人认为这样一来会危及科研自由。站在今天回头看，我可以肯定地说 2001 年的改革极大提升了亥姆霍兹联合会在德国科研体系中的地位，促进了学术竞争和学术质量的提升。在 2005 年签署《研究与创新公约》后，亥姆霍兹联合会终于和其他科研机构一样受到了国家计划的稳定支持。

埃德加德·布尔曼（Edelgard Bulmahn）
德国联邦议院副议长，1998~2005年任联邦教育与研究部部长

在德国大科学研究机构的早期历史中，还有另一个意义深远的转折。为避免评议会沦为没有实力的“纸老虎”或名誉性组织，亥姆霍兹联合会在 1997 年设立了战略基金。战略基金赋予评议会具体抓手，从而可以起到引导亥姆霍兹联合会的战略研究方向的作用，并为提升亥姆霍兹联合会的创新能力做出贡献。每个研究中心拿出各自最多 5% 的经费汇入战略基金中，也就是说每年的可支配基金金额约为 15 000 万德国马克。建立战略基金的初衷，就是要资助跨学科、跨中心的合作研究项目。举例而言，在第一轮的筛选中，评议会工作组选出了 11 个项目，项目周期为 3 年，总的资助额度为 7700 万欧元。研究主题跨越了癌症研究（“癌症疫苗”“癌症产生过程中基因的作用”），气候研究（“从自然气候现象出发进行气候预测”），从微系统技术（“高质量小零件”）到物理基础研究中的中子研究。[86] 人们可以发现，大多数入选的项目都是由多个科研中心联合申报的，或者是与产业界有合作。回顾过去我们可以发现，战略基金促进了新研究专题的酝酿和重点突出的科研活动，使各个研究中心形成了竞争与合作并行的平衡关系。在 1999 年的年会上亥姆霍兹联合会会长德特列夫·甘滕（Detlev Ganten）曾这样发言：“伴随着战略基金和主题方向的设立，国家的研究重点越来越清晰，通过以跨学科、跨中心的方式合作研究这些重点任务，能为科技界、经济界的其他人员提供更大启发。”

6. 新世纪的大动作：实施计划暨项目导向的资助

在跨入 21 世纪之后，亥姆霍兹联合会又开始以十年为期，实施进一步的治理结构调整和完善。首先，2001 年原本结构松散的协会组织重新注册为一个由具有独立法人资质的亥姆霍兹研究中心作为成员单位构成的新的注册社团——亥姆霍兹联合会（译者注：此前的亥姆霍兹国家研究中心联合会是内部协调组织，不具有机构管理职能和权限；重新注册的亥姆霍兹联合会则设立了董事会、评议会等权力、决策和管理组织，得以通过项目评审，主持对各大科学中心的绩效评估，从而实现跨中心的机构监督、管理的职能）。这并不仅是行政法所要求的一个法律手续，重要的是亥姆霍兹联合会在其后的 5 年项目周期中，超越了此前仅仅作为由研究中心组成的兴趣组织的格局，大力加强亥姆霍兹联合会内部的合作和各科研中心之间的整体协调性。

亥姆霍兹联合会也因为现在作为登记社团的法律地位，从而使引入新的项目经费管理模式成为可能。在设置科研优先领域时，如何平衡亥姆霍兹联合会内部各大科学中心的意见，同时平衡政府出资部门的意见，一直都是十分艰难的事情。如何令人信服地确认科研优先权始终是制约亥姆霍兹联合会发展的瓶颈。看上去很普通的议案也往往难以执行；不少在部长级圆桌会议上议定的事情，在执行时可能受到责难，进而导致决策、管理与执行层面出现严重的断层，使各大科学中心及整个亥姆霍兹联合会变得结构僵化、缺少活力、发展滞后。[88] 反之，不那么极端的办法就是通过项目导向的科研资助模式和对科研机构的掌控，设置着眼全体系的科研重点。诚然，无论在落实研究规划，或是实现战略目标的过程中，即便是在试验阶段，同样也要避免对研究机构及其运作的过度干预。对于亥姆霍兹联合会而言，借由外部评估确立的科研优先权及至紧随其后的项目导向科研资助，有助于各科研中心确立中长期研究计划，并在项目竞争中战胜各自对手。竞争不仅能够极大地提升科研质量，而且还能在各科研中心之间实现经费和科研资源的有效配置。在实际运作中，为避免规划（项目资助）坠入僵化的陷阱，亥姆霍兹联合会允许各研究中心在预算总额中保留20%的自由额度用于孕育和投资具有未来前景的研究课题。联邦政府及其他科学组织的相关实践表明：引进项目导向的科研资助的根本目的，就是要在确立研究优先权和资源配置方面尽量减少行政干预，并为研究活动提供更多的灵活性。[89]

毫不奇怪，对于亥姆霍兹联合会就组织结构和大科学中心科学文化进行的改革也在亥姆霍兹联合会的员工中引发了普遍的关注与争议。起初，众多科学家并不认为这是一场让亥姆霍兹联合会面向未来的改革，而认为它仅仅是试图以规划生产流程的方式来组织科研活动的官方尝试。正如2001年当选亥姆霍兹联合会首任主席的瓦尔特·克罗尔 (Walter Kröll) 在其第一次工作总结报告中所指出的那样，“至今还有许多员工在犹豫是否愿意参与到这个新体制中来。”[90] 同时，在管理层出现质疑声。例如，原大科学中心协会的科技委员会就曾担心“改革会损害亥姆霍兹联合会的现有影响力”，因为在有了评议会之后，他们参与资源分配的权力就可能一去不复返了。直到在2000年10月底做最终表态时，他们还做出这样的警告：引进项目导向的科研资助模式之后，“研究的自由与效率”可能受到严重的威胁。[91] 为此，2001年5月召开的成员大会提出了如下要求：“所有的议事程序直至项目资助的决定，都不得削弱科学自治。无论是在程序、还是在作用方面，科技经费出资单位都要实行自我权限的约束。”[92]

由于期盼已久的德国科学委员会就亥姆兹联合会体系所做的评估报告迟迟未能公布，那些对引入项目导向资助模式持怀疑态度的人便误以为他们的怀疑得到了证实。德国科学委员会也确实表达过，担心“特殊的科研资助模式难以实现优化科研结构的目标，甚至辜负改革所付出的巨大成本代价”；为了确保改革的成功，德国科学委员会就项目优先资助的投资要求设置了10项必须满足的条款，包括要求科学经费使用方面更高的透明度和更多的灵活性以及计划项目的跟踪与核查等。最终，德国科学委员会选择了坚定地支持亥姆霍兹联合会进行改革，并希望亥姆霍兹联合会“能借由改革释放出巨大的潜能，使其所拥有的大型科研资源得以比此前更好地发挥出作用”。[93] 同时，德国科学委员会还更加明确地强调指出，项目导向的科研资助模式只有凭借可靠的组织架构才能得以顺利实施。因此亥姆霍兹联合会的主要任务也应包括协调跨中心的发展规划并对其加以监督。[94]

随着项目导向的科研资助模式的引进，亥姆霍兹联合会自2003年以来，就不再对单个的科研中心实施全员总科研经费划拨方式了，而是对有严格内容限定的、通过了竞争、满足了战略评估要求的科研计划（项目）予以资助。这些立项的项目将获得5年的稳定资助，尔后再接受评估。这为促使各科研中心改善和拓宽科研合作尤其是跨学科的合作创造了有利条件。亥姆霍兹联合会研究中心借由竞争与合作提高其研究能力、效率与质量，并增进了相互联系。尽管事先存在着一些担忧，但项目导向的科研资助模式获得了成功，并且出人意料地运行得非

亥姆霍兹联合会为德国科研的国际化转型做出了重大贡献。在健康领域的一个结构性的变革就是成立了德国健康研究中心和柏林健康研究院（BIG）。这是对所有参与者提出极高要求的发展过程，其中也有很多机遇。借此提高了我们科研体系的显示度和对国际合作伙伴的吸引力，这也吻合了欧洲战略。

——安娜特·沙万（Annette Schavan）
2005~2013年任联邦教育与研究部部长

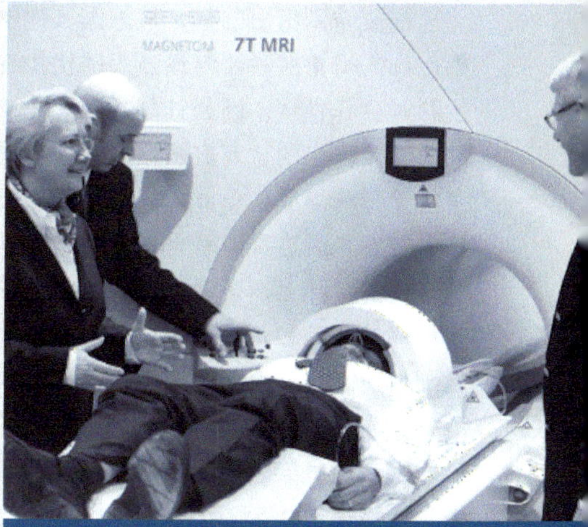

常好，诚然，所有这些也都与科学家很快适应了这一新资助模式，并且非常务实地把一些科学上极其重要但并不是特别吻合项目结构模式的内容做了变通和有关调整。

同时，借由同科学界的开放对话和交流，这项改革还获得了全社会的高度认可，从而使亥姆霍兹联合会如释重负。自引进项目导向的科研资助模式起，亥姆霍兹联合会财政预算紧缺状况得到明显的改善，科技经费重新得到大幅度增长。这种改善，与其说是源自国家经济形势的好转，毋宁说是得益于亥姆霍兹联合会等大科学组织与联邦政府和州政府在 2005 年签订的《研究与创新公约》——它确立了稳定的政府研究政策并保障了科学组织研究经费的逐年增长。该公约承诺在未来的 10 年里由联邦政府和州政府划拨给亥姆霍兹联合会等科学组织的研究经费年均增长率为 5%，这使亥姆霍兹联合会在进一步深化改革的同时，拥有了充裕的、可灵活支配的经费，从而得以扩充或创建新的战略性举措和资助手段，并使亥姆霍兹联合会的发展更具可塑性。与《研究与创新公约》相对应的，是亥姆霍兹联合会向政府承诺将“动态发展科学体系、扩大网络化和建立新的战略伙伴关系、加强国际合作，促进科技成果转化，创造新的社会和经济价值，促进经济增长和国家繁荣”。[95]

从历史的角度看，沃夫冈·卡特列里（Wolfgang Cartellieri）经常谈论的由国家预先鉴定和确立大科学研究的方向并对其实行全面掌控的观点，可以追溯到 20 世纪 60 年代后期就相关议题所进行的科学辩论。[96] 关于彻底改变科技经费资助原则的建议率先来自政府的研究行政部门，而且也因为联邦德国政府相关部门的压力而得以推广推行，所以这根本就不是意外。简而言之，可以说亥姆霍兹联合会的成立得益于具有改革精神、时任大科学中心协会会长的约阿希姆·陶意希自上而下的推动。他当时的身边聚集了一批志同道合者，他们推动这一注册协会的初衷，就是要对相关的研究活动实行计划控制和引进外部的科研资源，进而使之成为亥姆霍兹联合会资源配置的核心要素之一。其后，自 1998 年以来，在施罗德执政下由他所在的社会民主党人领导的联邦教育与研究部率先启动相关改革，也就绝不是偶然的了。然而，作为推进改革的继任者、联邦教育与研究部原部长布尔曼（Edelgard Bulmahn）却缺少她的同行国务秘书乌苇·托马斯（Uwe Thomas）[97] 和沃尔夫 - 米夏尔·卡滕胡森（Wolf-Michael Catenhusen）的冲劲。社会民主党派联邦议员卡滕胡森一再谋求新的概念和手段，并竭力推动制定可实现的联邦德国未来的科研政策。[98] 因此，有关亥姆霍兹联合会研究活动的计划控制那时就具备了雏形，并进而衍生出了 2001 年所推行的、果断的机构式创新。作为联邦共和国科学和创新体系的重要支柱，亥姆霍兹联合会引进的驾驭资源的创新模式，极大地和持续地提高了科研生产能力和竞争力。

需要特别指出的是，与德国其他的大科学组织相比，亥姆霍兹联合会最强大的优势在于它是政界的科学合作伙伴，因为计划项目总是在“圆桌”上共同制定出来的，而亥姆霍兹联合会是重要决策的直接参与者。有鉴于此，一些科学家及马普学会等科学组织常就这种关系是否可能危及科研自由而表示担忧。实际上，该联合会也常常会在政策方面与来自联邦政府和州政府的出资方代表发生冲突甚至激烈辩论，因此，所有政策性计划的执行始终都离不开科学界决定性的协助。尽管亥姆霍兹联合会的性质和研究框架发生了巨大的转变，但是，仍须尽力保持科学自治和科研自由。

在亥姆霍兹联合会启动的第一轮项目导向的科研资助模式（2004/2005~2008/2009）的招投标竞争中，由著名科学家组成的国际专家评审团队，对科学卓越性和战略重要性进行评估。该联合会从当时16个研究中心提交的竞争方案中选定了30个研究计划予以资助。在2009年开始的第二轮项目导向的科研资助模式的招投标竞争中又产生了13个新的研究计划。[99] 此类战略调整和捆绑研究活动的一个范例是亥姆霍兹联合会关于加强常见病研究的新举措。在启动项目导向的科研资助模式之前，有个被遗漏的重大科研领域是“感染研究”。在战略评估环节发现了这一漏洞之后，国际专家评审团队提出了强化感染研究的建议。于是，GBF接受了这项建议，他们撤回了此前提交的研究计划，重新提交了将科研能力聚焦于感染与免疫力的新科研方案。此前，GBF的研究重点一直是聚焦在有关生物医学、生物技术、环保与相关生物新技术的研究与开发方面。在调整研究方向之后，该研究中心很快从一家生物技术研发机构成功地发展成为国际公认的感染疾病研究中心。它在亥姆霍兹联合会进行重新登记时改名为亥姆霍兹感染研究中心（HZI），如今已在该领域跻身于世界同行排名的前15名。[100]

合作与竞争是项目导向资助的精髓，也经常被描述为大公无私的磋商模式。现代科学动力越来越被认为源自于竞争。仔细分析可以看到，科学当然是一个合作与竞争紧密相连的社会领域；即便是在竞争局面下，科学家也大多是存在于合作结构之中，至少基于认知的原因长远来看合作才是更好的选择。具体哪个磋商模式占优，自然是依情境而变而且可能转化。总之，合作与竞争需要经常重新寻求平衡。这一必要性同样适用于在千禧年之初启动改革的亥姆霍兹联合会——借由引进项目导向的科研资助模式，该模式促进了经常在科研市场上相互竞争的各大科学中心之间的合作和科研单位之间的协调，并通过合作与竞争实现科研水平的提升。

同样是在2001年，新的战略措施与项目导向的科研资助模式还带来了另一个意义深远的重大变化，从形式到法律上都是独立法人的16个研究中心共同把亥姆霍兹联合会的科研活动界定在六大重点科研领域：[101]

——能源；
——地球与环境；
——医学健康；
——关键技术；
——物质结构；
——航空航天与交通。

除航空航天与交通是唯独德国航空航天研究中心所从事的领域，在所有其他研究领域总有多个科研中心的参与，这极大地促进了大科学中心之间的相互合作并强化了亥姆霍兹联合会的共同特性。

除了工业界和经济界外，联邦共和国的高等院校和综合型高校也是亥姆霍兹联合会及各大科学中心特别重要的合作伙伴。自20世纪50年代德国开始建立大科学研究中心以来，这样的合作就从未中断过，有些大科学研究中心原本就是在高校研究机构的基础上分化出来的，而且高校为大科学研究中心的发展壮大做出了决定性的贡献。在过去的20年间，与高校的合作无论就其强度、还是就其广度而言，都有了显著的提升和拓展，进而形成了丰富多样的合作模式。不仅有合作研究课题或亥姆霍兹联合会科学家参与特别科研计划和卓越集群项目，以及分享科研基础设施——高校科研团队作为用户使用亥姆霍兹联合会研究中心的大型仪器，还包括联合聘任优秀科技人员，以及亥姆霍兹联合会科研人员以多种形式参与高校的授课和讲学。亥姆霍兹研究中

2008年2月22日卡尔斯鲁厄大学校长霍斯特·希普勒（Horst Hippler）、巴登-符腾堡州的科学研究与艺术部部长彼得·弗兰肯贝尔格（Peter Frankenberg），联邦教育与研究部部长安娜特·沙万和卡尔斯鲁厄研究中心的董事会主席埃伯哈德·乌姆巴赫（Eberhard Umbach）在卡尔斯鲁厄理工学院（KIT）成立典礼上。（从左到右）
图片来源：KIT

心一多半C级以上职位都已经拥有高校教授头衔，参与高校教学任务的亥姆霍兹科学家人数也逐年增加。亥姆霍兹联合会在这些方面与其他大科学组织相比，再也无须低头惭愧，已然是并驾齐驱的平等伙伴。

联合运行研究所是一种与高校特别紧密和高效合作的模式，有些联合运行研究所甚至可以追溯到20世纪50年代大科研机构的创立初始阶段。特别成功的还有亥姆霍兹联合会2005年因改革而推出的"虚拟研究所"项目，优秀的高校和亥姆霍兹研究中心科学家团队强强组合，凝聚科学条件和科研实力，共同追逐具有战略意义的研究目标。每个"虚拟研究所"的项目期限为3年，年度经费预算25万欧元；其中2/3的经费划拨给合作高校，用作后备人才培养。在亥姆霍兹联合会的发展战略中，"虚拟研究所"是"德国寻求创新驱动、构建未来高校卓越集群的重要基石。"[102]

与高校更密切的机构化的科研合作模式始自2009年，亥姆霍兹联合会与高校联合成立亥姆霍兹研究所。这不再是"虚拟研究所"，而是为了发挥双方在科研领域的共同优势，在高校园区联合成立一个实体的亥姆霍兹研究中心的外设机构。这使双方得以在具有重大科学和战略意义而且同时都很看重的研究领域开展密切合作。截至2014年，已经建成了7个这类亥姆霍兹研究所——分别设在明斯特、埃尔兰根、弗莱贝格、耶拿、美因茨、萨尔布吕肯和乌尔姆。这些研究所可以每年获得300万~500万欧元的年度机构性资金，所涉及的领域方向从激光物理到药剂学乃至多种能源技术。

此类亥姆霍兹研究所的建立并不只是因为德国科学委员会的建议，[103]所有这些机构性的革新都可以归之于2005年发起的以"卓越计划"为核心的科技政策调整。"卓越计划"立足于全球科技资源的竞争，所以其影响自然不局限于高校范围之内，而是关系整个联邦共和国的科学体制，也因此对非大学研究机构会产生持续的效应。特别有影响力的一个事件，是2009年卡尔斯鲁厄理工学院的成立。卡尔斯鲁厄地区拥有德国其他地区所不具备的合作密切的卡尔斯鲁厄研究中心（亥姆霍兹科研中心之一）与卡尔斯鲁厄工业大学（TH）。自1956年核研究中心成立之日起，它就与当地原名Fridericiana工业学院建立了极为密切的合作关系，包括此后几十年，以所谓卡尔斯鲁厄"一身多职模式"在科研层面乃至在共同运行科研所层面互聘高级科研管理人员。后者正是卡尔斯鲁厄研究中心与卡尔斯鲁厄大学合并计划的重要基础。合并方案是卡尔斯鲁厄相关各方在论证如何参与"卓越计划"后得出来的决议。当然，除了响应德国科学委员会关于非高校研究机构应与高校更紧密结合的建议，"合并"策略也使自己在"卓越比拼"过程中以独特性而战胜其他竞争对手尤其是在与亚琛工业大学的竞争中取得胜利。[104]

合并方案带来的期望还包括：处理好科研与教学的关系、招募卓越的科学家及获取第三方科研经费等内容，整合优化卡尔斯鲁厄地区的科研能力并获得协同效应，要把卡尔斯鲁厄地区打造成为德国的先进能源研究中心，并且要强化在微纳米技术及材料研究领域的研究特色；总之，就是跻身"全球顶级科研机构"。[105]基于这样的愿景，卡尔斯鲁厄把机构合并方案列作申报国家"卓越计划"的核心内容。2006年秋季，卡尔斯鲁厄大学入选德国首批七所杰出大学之一，并获准以两年时间实施合并计划。

2005年11月于尔根·姆利内克（Jürgen Mlynek）接任德国亥姆霍兹联合会主席后的第一次记者招待会
图片来源：亥姆霍兹联合会

亥姆霍兹联合会2005年的年会：自2005年以来，该联合会每年都要在柏林举办与政界、经济界及其他社会各界代表的年度大会
图片来源：亥姆霍兹联合会/ D.奥森霍夫(D. Ausserhofer)

两家单位的合并是德国科技界的重大事件，因为这是联邦政府与州政府之间的首次直接合作。当时面临着宪法与政府财务的障碍——因为宪法禁止联邦政府向高校划拨经费。因此，联邦政府和州政府对 KIT 的资金仍然是继续单独划拨并各自分别结算；此外，还面临着两家单位合并所致的人员编制及诸多管理方面的问题。但最根本的挑战是融合两家单位不同科研架构，把亥姆霍兹联合会项目导向的科研资助模式与高校面向自由探索的使命和科研特点揉到一起，形成共同特征。相对于其他改革进程而言，所有这一切发生得极快，实施得也非常务实。2008 年 2 月联邦政府和州政府各主管部最终批准了合并方案，一个前所未有的新事物终于呱呱降生了——2009 年 10 月 1 日 KIT 开始正式开张运行。KIT 以超过 8000 多员工、7 亿欧元年度预算而变身为在国内乃至国际都产生极大影响力的德国最大独立科学机构 。[106]

KIT 在国际上被美国众多精英大学和瑞士苏黎世联邦工业大学视作后来居上的具有全球科研竞争实力的伙伴。在国内则被视为面向未来的一次重大革新或对德国现行科学体制的补充，可以实现科研改革目的有效手段。但与此同时也有批评者认为卡尔斯鲁厄理工学院简直是庞然大物，因为体量太大，根本无法施加有效掌控，难以应对科学挑战。此外，由于联邦教育与研究部原部长沙万把 KIT 看成德国科研体系的新样板，称“KIT 将以独特的形式保持其亮点，并能对其他大学和研究机构产生示范作用”[107]，因此也使一些大学对 KIT 产生了恐惧甚至敌意。他们担心该政策会被强行实施，进而导致高校与大科研机构的大面积合并，他们届时将被迫接受德国科研政策的所谓“未来概念”及至新“科学体制”的既成事实。诸如此类忧虑不仅是因为政府部委的评论，也源自与 KIT 同步的其他“机构式”改革案例，如将德国马克斯·德尔布吕克分子医学中心（MDC）与夏里特医院合并在一起的倡议，以及随后于 2013 年夏季成立的柏林健康研究院（BIG）——这个新的科研机构把夏里特医院的临床研究与 MDC 的分子与系统生物学拼在一起。联邦教育与研究部部长约翰娜·万卡（Johanna Wanka）赞誉这个新出现的科研机构是“德国在健康研究领域迈出的重大一步，是提升德国卫生系统未来能力的基石”。

地处德累斯顿和波茨坦的亥姆霍兹研究中心，也同样关注 KIT 的建立，并就非大学机构与当地大学开展低成本的、更紧密的合作及至结合等问题展开了洽谈；然而迄今为止仍未对这些问题达成共识，也没有对“合并是否会引发其他连锁反应”做出结论。也许 BIG 算是命运的安排——令人诧异的是该项目一度在 2013 年春季先被搁置，尔后又正式成立了，尽管迄今（译者注：此处指截至 2014 年）仍未获得法律保护地位。因此，BIG 眼下还不能申请承担科研任务，寄希望于未来可以有突破。

彼得·格林贝格（Peter Grünberg）2007年在斯德哥尔摩出席诺贝尔奖颁奖仪式
图片来源：版权所有诺贝尔基金会2007/H.梅林（H. Mehlin）

哈拉尔德·楚尔·豪森（Harald zur Hausen）2008年在斯德哥尔摩出席诺贝尔奖颁奖仪式
图片来源：版权所有诺贝尔基金会2008/ H.梅林（H. Mehlin）

从总体看来，显然，有关对高校和非高校研究机构进行适度控制的科研政策似乎还未带来更大压力，尤其是在联邦政府和州政府尚未对此达成基本共识的背景下——比如说在为 KIT 提供资助经费方面如何避开违宪的风险，依然没有找到令人满意的最终解决方案。总之，因 KIT 的建立而引发的对立的争论很快平息下去，而与之相关的担心也至少暂时被排除了。

在正式运营 5 年之后，KIT 被视为亥姆霍兹联合会史上的成功案例——因为它有足够体量，并在许多领域开展尖端研究。与此同时，这一成功范例也被列为其他制度创新或革新的重要参照系。项目导向的科研资助模式的引进使亥姆霍兹联合会在德国科学与创新体系的现代化进程中成长为先锋和中坚力量，亥姆霍兹联合会由“灰姑娘”嬗变为德国科学体系的“王子”，使近 20 年来各成员单位的自我意识不断提升。

尤其有助于增强亥姆霍兹联合会自信的是两位科学家获得了诺贝尔奖。2007 年，于利希研究中心的彼得·格林贝格（Peter Grünberg）被授予诺贝尔物理学奖，以表彰其发现巨磁电阻效应——借由薄层堆叠而显著增大硬盘存储容量。这奖项不仅使优秀科学家本人获得了极高的荣誉，而且也是于利希研究中心从核科研中心成功转型为固态物理研究中心的最好证明。2008 年，海德堡免疫及癌症科学家哈拉尔德·楚尔·豪森（Harald zur Hausen）被授予诺贝尔医学奖，以表彰其发现了可诱发宫颈癌（女性最常见癌症之一）的人乳头瘤病毒（HPV），进而为深入开展宫颈癌病毒感染的研究及宫颈癌疫苗的诞生奠定了基础。楚尔·豪森不仅是亥姆霍兹联合会最卓越的科学家之一，而且也是该联合会的“元老”——自 1983 年以来就一直在德国癌症研究中心工作，担任董事会主席职务长达 20 余年；在两德统一后艰难而又充满挑战的岁月里，他还曾经出任过德国大科学中心协会的会长（1989~1991 年）。

项目导向的科研资助模式增强了亥姆霍兹联合会在科研内容上的管理、取代了地区性的自然分配，因此也必然带来机构架构的变化。随着管理的专业化，设在波恩的前总部就出现严重的人手不足，为完成新的任务，亥姆霍兹联合会必须扩充其行政管理部门。除了进一步充实波恩总部之外，又在柏林建设了人员编制超过 50 人的新的业务管理机构，这里也是亥姆霍兹联合会主席的办公地。亥姆霍兹联合会新的组织结构及新的资金模式，呼吁独立于科研中心之外的会长或主席。继约阿希姆·陶意希（1993~1997 年）和德特烈夫·甘滕（1997~2001 年）两位会长之后，瓦尔特·克罗尔（2001~2005 年）于 2001 年被任命为亥姆霍兹联合会的首位专职主席。

鉴于克罗尔是德国航空航天研究中心的原董事会主席，他在亥姆霍兹联合会仍然保持着过去的基础和势力，而评议会和政府则一直希望主席能够置身于大科学中心之外、而不要做下面成员单位的仆从。愿望与现实两者之间是冲突的。直到物理学家于尔根·姆利内克（Jürgen Mlynek）接任亥姆霍兹联合会主席之后，矛盾才得以解决。后者在2005年夏天令人惊奇地从柏林洪堡大学校长职位接掌亥姆霍兹联合会主席，从而成为亥姆霍兹联合会史上第一位外来的主席或会长。2006年，亥姆霍兹联合会修改了章程，为主席配备了副主席，即在六大科研领域各配备一名副主席进入亥姆霍兹联合会主席团，此外，还在经营管理方面也增补了两名副主席。姆利内克在其10年任期里，不仅收获了前任改革的丰硕果实，也为巩固改革项目和保持亥姆霍兹联合会可持续发展的动力做出了决定性的贡献。在他的任期内，亥姆霍兹联合会通过收编下述3个新研究中心而进一步扩大了规模：德国神经退行性疾病中心（DZNE，2009年，波恩）、亥姆霍兹德累斯顿罗森多夫研究中心（HZDR，2011年）和亥姆霍兹基尔海洋研究中心（GEOMAR，2012年）；此外，柏林同步辐射电子储存环研究所（BESSY）也在2009年与哈恩-迈特纳研究所合并联合组成亥姆霍兹柏林材料与能源研究中心。

改革使亥姆霍兹联合会最终摆脱了以往“笨拙的油轮”或“腐朽的驳船”的陈旧形象，从“科学政策的侏儒”和“令人揪心的孩子”彻底转变为能够自我展示并傲视群雄的科学典范。时至今日，在德国非高校科研机构中，该联合会坐拥4万名员工（其中约有20 000名科学家）、45亿欧元年度预算（其中第三方经费约占1/4），而成为德国规模最大的科学组织，并且是举足轻重的意见领袖和改革先驱。亥姆霍兹联合会实现了改革之初的目标，做到了把大科学中心融合成一个整体性和具有竞争力的科学机构。

柏林阿德勒宽夫的同步辐射电子储存环Ⅱ（BESSY Ⅱ）
图片来源：亥姆霍兹柏林研究中心

德国神经退行性疾病中心（DZNE）位于波恩Caesar研究中心的临时所在地
图片来源：Caesar/C. Richters

基尔亥姆霍兹海洋研究中心（GEOMAR）
图片来源：GEOMAR/ J.施特芬（J. Steffen）

亥姆霍兹德累斯顿罗森多夫研究中心（HZDR）
图片来源：HZDR/ O.基林（O. Killing）

“只有行动可以带给人以尊严，要么是把已知的知识用于实际，要么不懈追求科学的发展，这种追求也是为人类的进步所做的付出”（赫尔曼·冯·亥姆霍兹）。在“共塑我们的未来”的旗帜下，“不同学科的科学家”遵循赫尔曼·冯·亥姆霍兹的理念，携手为推动“人类进步”而努力——亥姆霍兹联合会自成立之日起就在德国科学体系中发挥着核心作用。它不仅跨越了非高校科研机构和高校的科学研究的界线，而且尝试并实现了新的创新合作的模式，包括 KIT、于利希 - 亚琛科研联盟和亥姆霍兹联合会参与的德国健康研究中心建设等都堪为楷模。开展造福社会的尖端研究并在国际竞争中站稳脚跟，还需要未来与时俱进并付出更大的努力。为迎接这些挑战，亥姆霍兹联合会已经做好了充分准备。

——约翰娜·万卡（Johanna Wanka）
联邦教育与研究部部长自2013年至2018年3月

7. 大科学的系统性变化成就了今天的亥姆霍兹联合会：总结

在当事人的回忆里，亥姆霍兹联合会的产生和发展尽管“有时是非常艰难的历程”，但也几乎是线性地从 20 世纪 50 年代德国大科学演化过来，“先是 70 年代形成大科学中心协会，再是 1995 年更名为亥姆霍兹国家研究中心联合会，直至引进了基于项目导向的科研资助及质量保证模式进而注册为亥姆霍兹联合会，最终使亥姆霍兹联合会发展成为当下的现代化并且能做出快速反应的科研机构”。[108]

真实的历史发展进程极少像回忆者所记忆的如此直线性和没有意外波折。在大科学中心协会转变为亥姆霍兹联合会的漫长过程中，来自内部的冲击与外部的诸多影响因素其实是错综复杂地纠缠在一起的。审视亥姆霍兹联合会发展的历史，人们可以看到在这个复杂的历史进程中存在过为数众多的且极具代表性的弯路、歧路和死胡同，包括冷战与两德统一所带来的历史的偶然性和结果的必然性。人们可以从中看到集中与分散、自治与操控等理念下引发的科学界内部连续的和争取机构稳定性的斗争。倘若不是科学与创新体系在新联邦州的转型成功，以及联邦德国科研体制产生的连带作用，大概也就不会有亥姆霍兹联合会的诞生和今天的状况。

德国大科学的系统化转型是导致亥姆霍兹联合会变革的决定性因素。正如前面已经提到的，在大科学范畴里进行的部分研究，有时也能分解为多个小部门和不同团队之间的合作。[109]“大科学”不一定总是有大的规模。正如美国科学史专家皮特·加里森（Peter Galison）所说的那样：大科学可以有多张完全不同的面孔；[110] 而詹姆斯 H. 凯普修（James H. Capshew）和卡伦 A. 拉德（Karen A. Rader）把大科学的各种现

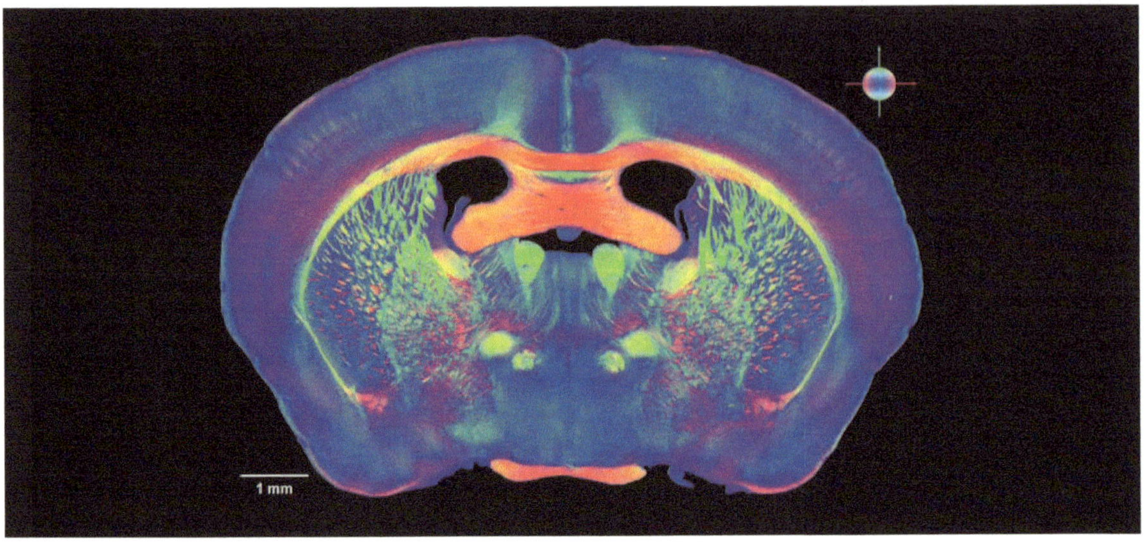

老鼠的大脑，欧洲人脑计划
图片来源：阿蒙茨（Amnnts）、齐勒斯（Zilles）、阿克斯勒（Axer）等/于利希研究中心

象列在一张长长的表中，并将它们具体划分为：制度化科学类型的大科学、科学政策中的大科学、工业生产中的大科学、科学运行方面涉及大量伦理问题的大科学、科学文化中的大科学及最后作为生活方式的大科学。[111] 人们还可以从不同文化、维度与规模的视角来观察或描述大科学，像大科学历史学家凯瑟琳·韦斯特福尔（Catherine Westfall）女士，她就为美国的核与粒子物理研究分别标上了“小微”、“介观”直至“大尺度”等不同刻度。[112]

大科学产生于 20 世纪中后期，并在很长一个时期内使物理学领域占据了主导学科的地位。随着 20 世纪末物理科学与生命科学交替成为主导学科，大科学开始发生变化——已经不再仅仅是科学现象，而是正在逐渐形成一种新的科学文化。在德国，这种变化不仅表现在创建生命科学的大科研机构方面，而且还表现在创建多样化公共研究机构的过程中，资源配置的重点也开始从物理学转向生命科学了，于利希研究中心就是这方面的范例。同时，这种变化或称体制转型还体现在一些大科学项目所表现的网络化结构上：在这里生物学开始转向“大生物学”；而人类基因组计划通过跨学科和跨国界开展的网状合作，则被视为百年生命科学研究的重大转型。科学家尼基·费尔默伦（Niki Vermeulen）女士把大科学的这种文化与形态变化称作“超大尺度科学”，从而再次强调了网状合作是大科学的决定性要素。[113] 旨在模拟人脑活动的欧盟科学研究旗舰项目“人脑计划”，是大科学项目的分散式组织的另一个例子。共有来自 24 个国家的 112 个科学伙伴组织参与了这个数十亿欧元的项目，其中包括于利希研究中心、卡尔斯鲁厄理工学院和德国航空航天中心 3 个亥姆霍兹联合会研究中心。简而言之：原本大科学中体现的合作与竞争在亥姆霍兹联合会主要以合作为主线。亥姆霍兹联合会领导层认为，亥姆霍兹联合会提倡“基于网络化思考和商讨、达到集中力量搞好科研”的目标。[114] 事实上，人们越来越清楚地看到某些科学合作的悖论：研究资源的竞争日益加剧，反而大大推进了各科研中心间的相互合作，并进而加强了亥姆霍兹联合会的内在一致性。

倡导者早就希望大科学能在20世纪90年代中期转型并过渡到亥姆霍兹联合会的轨道。当年科学政策论证的焦点是有关大科学的“大小规模”问题，亥姆霍兹联合会成员单位经常会因经济紧缺而陷入预算危机——每当国家经济发展遇到问题时，联邦政府和州政府首先缩减的就是对大科学投入的经费。不过，正如沃夫冈·弗吕瓦尔德1995年在亥姆霍兹联合会庆祝活动上说得那样，亥姆霍兹联合会终于不再纠结于“规模大小”的争论了。[115] “多元协作”取代了“规模大小”成为亥姆霍兹联合会的特色标识。无论有意无意，随着亥姆霍兹联合会的现身，德国的大科学已经实现了认识上的转型并在机制上付诸相应实施。

当下，亥姆霍兹联合会正在谋划德国科学与创新体系的未来发展战略——特别是在“卓越计划”和《研究与创新公约》终止后，在资源竞争更为激烈条件下的发展战略。亥姆霍兹联合会领导层在名为《亥姆霍兹 2020》的战略文件中，描绘了未来继续强化亥姆霍兹联合会的优势与特色、推进国家科研体制发展的积极前景。尽管该文件受到来自高校的批评，认为它企图占据创新领导地位，但它仍不失为一份涉及大量的科学技术创新问题的极具启发性的规划性方案，其中提出了许多有关研究机构创新与社会创新的要求和任务。引人注意的是，亥姆霍兹联合会把自身的特色界定为“管理、建设和运营复杂的国家与国际研究基础设施”及进一步的研发。虽然这些科研设施将越来越趋向于面向全欧洲开放乃至国际化，也仍然体现了历史连续性。差不多半个世纪前，当人们狂热追逐原子能研究而成立几个大科研机构之时，当年的核心竞争力就是建造和运行如研究型反应堆或粒子加速器等大型复杂的科研基础设施与仪器装备。而现如今的科研基础设施也包括运行复杂的数据库等，建设和运营、维修及继续开发“造价昂贵的大型设施”仍需投入巨大的资源。无论是否愿意，源自于它自身的独特历史渊源，亥姆霍兹联合会已经历史性地成长为从事德国大科学研究的综合性科研机构。

作者

迪特尔·霍夫曼（Dieter Hoffmann）（生于1948年）

自1995年以来一直是柏林马普科学史研究所的工作人员，2014年退休。他同时作为外聘教授在洪堡大学任教，他于1972年在该校获得物理学硕士学位，1976年以科学史论文获得博士学位，1989年通过大学教授资格答辩。

他的研究重点是19世纪和20世纪的科学与物理学发展史，特别是公共科研机构发展史和科技人物传记。此外，他还深入研究了极权主义政权下，即第三帝国和民主德国时期科学研究的社会环境问题。

结合亥姆霍兹联合会的更名问题，1996年他在波恩德国国家博物馆策划举办了“赫尔曼·冯·亥姆霍兹”人物展，随后还在该联合会的许多研究中心做了展示。

自2002年以来，他成为国际科学史研究学院的院士；2010年成为德国莱奥波第那国家科学院的院士，同年还获得了德国物理学会的荣誉勋章。

赫尔穆特·特里希勒（Helmuth Trischler）（生于1958年）

自1990年起其成为慕尼黑德意志博物馆的工作人员，并于1993年成为该博物馆相关研究领域的负责人。他在联邦教育与研究部资助的、2009年成立的蕾切尔·卡森环境与社会中心担任中心主任职务，并在慕尼黑大学担任近代与现代史及技术史的外聘教授，他于1986年获得了慕尼黑大学的博士学位，1991年通过大学教授资格答辩。

他的研究重点是19世纪和20世纪的科学、技术与社会发展史，特别是20世纪国家科学体制和创新文化的比较研究，他提交的教授资格答辩论文，研究的便是德国航空航天研究的发展史。从两德统一到整个20世纪90年代，他推动并参与了研究各个大科学中心发展历史的大型科研课题工作。

他于2014年出版的专著《以专业知识建设欧洲：创新者、组织者、网络者》被授予欧洲科学技术研究学会弗里曼奖。

注解

1. 由于关于“德意志联邦共和国大科学机构史”的长期项目，大科学算是德国科学与技术发展的最好示范的领域。除了良好的 12 个单项分析研究报告外，还出版了两册具有决定性意义的文集：Margit Szöllösi-Janze und Helmuth Trischler (Hrsg.): Großforschung in Deutschland, Frankfurt a. M. und New York 1990 und Gerhard A. Ritter, Margit Szöllösi-Janze und Helmuth Trischler (Hrsg.): Antworten auf die amerikanische Herausforderung. Forschung in der Bundesrepublik und der DDR in den „langen" siebziger Jahren, Frankfurt a. M. und New York 1999. Als Forschungsüberblicke dienen Rüdiger vom Bruch: Big Science – Small Questions? Zur His- toriographie der Großforschung, in: Ritter/Szöllösi-Janze/Trischler (Hrsg.): Antworten, S. 19–42, und Ingrid von Stumm: Historisches Projekt „Geschichte der Großforschung in der Bundesrepublik Deutschland"：eine Zwischenbilanz, in: Michael Winkler (Hrsg.): Festschrift für Ernst-Joachim Meusel, Baden-Baden 1997, S.263–285.
2. 参考 Robert Seidel: A Home for Big Science. The Atomic Energy Commission's Laboratory System, in: Historical Studies in the Physical and Biological Sciences 16/1 (1986), S. 135–175; ders.: The National Laboratories of the Atomic Energy Commission in the Early Cold War, in: Historical Studies in the Physical and Biological Sciences 32/1 (2001), S. 145 –162; Peter Galison und Bruce Hevly (Hrsg.): Big Science: The Growth of Large Scale Research, Stanford/CA 1992.
3. Lew Kowarski: Psychology and Structure of Large-Scale Physical Research, in: Bulletin of the Atomic Scientists 5 (Aug./Sept. 1949), S. 186–204; Alwin Weinberg: Reflections on Big Science, Cambridge/MA 1967; Derek de Solla Price: Litte Science, Big Science, New York 1963; Wolfgang Cartellieri: Die Großforschung und der Staat, in: Bundesminister für wissenschaftliche Forschung (Hrsg.): Die Projektwissenschaften, München 1963, S. 3–16; Wolf Häfele: Neuartige Wege naturwissenschaftlich-technischer Entwicklung, in: ebd., S. 17–38.
4. 更多参考可见 Margit Szöllösi-Janze: Wissensgesellschaft in Deutschland. Überlegungen zur Neubestimmung der deutschen Zeitgeschichte über Verwissenschaftlichungsprozesse, in: Geschichte und Gesellschaft 30 (2004), S. 277–313.
5. 1890 年 7 月 3 日在柏林普鲁士皇家科学院的公开会议上，特奥多尔・蒙森引用 Gerhard A. Ritter, Großforschung und Staat in Deutschland. Ein historischer Überblick, München 1992, S. 13; 也参考了 Thorsten Kahlert: „Große Projekte"：Mommsens Traum und der Diskurs um Big Science, in: Harald Müller und Florian Eßer (Hrsg.): Wissenskulturen. Bedingungen wissenschaftlicher Innovation, Kassel 2012, S. 67-86.
6. Dieter Hoffmann: „... im Frieden der Menschheit, im Krieg dem Vaterland"：Universität und Wissenschaft im Ersten Weltkrieg, in: G. Metzler (Hrsg.): Die Ber- liner Universität im Ersten Weltkrieg, Berlin 2014, S. 7–31.
7. 参考 Margit Szöllösi-Janze: Fritz Haber 1868–1934: Eine Biographie. München 1998, und Jeremiah James, Thomas Steinhauser, Dieter Hoffmann und Bretis- lav Friedrich: Hundert Jahre an der Schnittstelle von Chemie und Physik: Das Fritz-Haber-Institut der Max-Planck-Gesellschaft zwischen 1911 und 2011, Berlin 2011. 一般参考 Helmuth Trischler: Die neue Räumlichkeit des Krieges: Wissenschaft und Technik im Ersten Weltkrieg, in: Berichte zur Wissenschaftsgeschichte 19 (1996), S. 95–103, und ders.: Innovationsmotor oder Fortschrittsbremse? Der Erste Weltkrieg, in: Kultur und Technik 38/2 (2014), S. 4–9.
8. Alexei Kojevnikov: The Great War, the Russian Civil War, and the Invention of Big Science, in: Science in Context 15 (2002), S. 239–275.
9. 参考 Michael J. Neufeld: The Rocket and the Reich. Peenemünde and the Coming of the Ballistic Missile Era, New York 1995, sowie Burghard Ciesla und Helmuth Trischler: Legitimation through use: rocket and aeronautics research in the Third Reich and the USA, in: Mark Walker (Hrsg.): Science and Ideology: A Comparative History, London 2002, S. 156 –185.
10. 参考 Margit Szöllösi-Janze und Helmuth Trischler: Entwicklungslinien der Großforschung in der Bundesrepublik Deutschland, in: dies. (Hrsg.), Großforschung, S. 13–20.
11. Helmuth Trischler: Aeronautical Research under National Socialism: Big Science or Small Science? in: Margit Szöllösi-Janze (Hrsg.): Science in the Third Reich, London 2001, S. 79–110; vgl. auch Catherine Westfall und Lillian Hoddeson: Thinking Small in Big Science: The Founding of Fermilab, 1960–1972, in: Technology and Culture 37 (1996), 457–492, und Peter Galison: The Many Faces of Big Science, in: ders. und Bruce Hevly (Hrsg.): Big Science. The Growth of Large-Scale Research, Stanford 1992, S. 1–17.
12. 参考 Peter Weingart: Die Stunde der Wahrheit? Zum Verhältnis der Wissenschaft zu Politik, Wirtschaft und Medien in der Wissensgese-llschaft, Weilerswist 2001.
13. Cathryn Carson: New Models for Science in Politics. Heisenberg in West Germany, in: Historical Studies in the Physical and Biological Sciences 30/1 (1999), S. 115–171; dies. und Michael Gubser: Science Advising and Science Policy in Postwar West Germany: The Example of the Deutscher Forschungsrat, in: Minerva 40 (2002), S. 147–179; Michael Eckert: Primacy Doomed to Failure. Heisenberg's Role as Scientific Advisor for Nuclear Policy in the FRG, in: Historical Studies in the Physical and Biological Sciences 21/1 (1990), S. 29–58.
14. Ulrich Wengenroth: Die Technische Hochschule nach dem Zweiten Weltkrieg. Auf dem Weg zu High-Tech und Massenbetrieb, in: ders. (Hrsg.): Die Technische Universität München. Annäherung an ihre Geschichte, München 1993, S. 261–298; Michael Eckert: Neutrons and Politics. Maier-Leibnitz and the Emergence of Pile Neutron Research in the FRG, in: Historical Studies in the Physical and Biological Sciences 19/1 (1988), S. 81–113; Stephan Deutinger: Vom Agrarland zum High-Tech-Staat. Zur Geschichte des Forschungsstandorts Bayern 1945 –1980, München 2001; Rolf-Jürgen Gleitsmann: Im Widerstreit der Meinungen. Zur Kont- roverse um die Standortfindung für eine deutsche Reaktorstation (1950–1955), Karlsruhe 1986; Michael Eckert: Das „Atomei". Der erste bundesdeutsche For- schungsreaktor als Katalysator nuklearer Interessen in Wissenschaft und Politik, in: ders. und Maria Osietzki: Wissenschaft für Macht und Markt. Kernforschung und Mikroelektronik in der Bundesrepublik Deutschland, München 1989, S. 74-95; Wolfgang D. Müller: Geschichte der Kernenergie in der Bundesrepublik Deutschland, Bd. 1: Anfänge und Weichenstellungen, Stuttgart 1990, S. 112 –135; Helmuth Trischler: Nationales Innovationssystem und regionale Innovationspo- litik. Forschung in Bayern im westdeutschen Vergleich 1945 bis 1980, in: Thomas Schlemmer und Hans Woller (Hrsg.): Bayern im Bund, Bd. 3.: Politik und Kultur im föderativen Staat 1949 bis 1973, München 2004, S. 117–194.
15. Anne-Lydia Edingshaus: Heinz-Maier-Leibnitz. Ein halbes Jahrhundert experimentelle Physik, München und Zürich 1986, S. 73–85.
16. Jürgen Brautmeier: Forschungspolitik in Nordrhein-Westfalen 1945–1961, Düsseldorf 1983, S. 149–177; vgl. hierzu und zum Folgenden Bernd-A. Rusinek: Das Forschungszentrum. Eine Geschichte der KFA Jülich von ihrer Gründung bis 1980, Frankfurt am Main und New York 1996.
17. Bernd-A. Rusinek: Zwischen Himmel und Erde. Reaktorprojekte der Kernforschungsanlage Jülich (KFA) in den „langen" siebziger Jahren, in: Ritter/Szöllösi- Janze/Trischler (Hrsg.), Antworten, S. 188–216, hier S. 188.
18. 参考 Günther Oetzel: Forschungspolitik in der Bundesrepublik Deutschland. Entstehung und Entwicklung einer Institution der Großforsch-

ung am Modell des Kernforschungszentrums Karlsruhe (KfK) 1956–1963, Frankfurt am Main und New York 1996, S. 242–277, und Ulrich Kirchner: Der Hochtemperaturreaktor. Konflikte, Interessen, Entscheidungen, Frankfurt am Main und New York 1991.

19. 参考 Joachim Radkau: Aufstieg und Krise der deutschen Atomwirtschaft. Verdrängte Alternativen in der Kerntechnik und der Ursprung der nuklearen Kontroverse, Reinbek 1983.

20. 参考 Monika Renneberg: Gründung und Aufbau des GKSS-Forschungszentrums Geesthacht, Frankfurt a. M und New York 1995, und Luciene F. Justo: Groß- forschung im Kontext. Die GKSS und ihre forschungspolitischen Ziele in den siebziger Jahren, in: Ritter/Szöllösi-Janze/Trischler (Hrsg.), Antworten, S. 163-187. Vgl. Lucience F. Justo: Großforschung im Kontext: Die GKSS und ihre forschungspolitischen Ziele in den siebziger Jahren, in: Ritter/Szöllösi-Janze/Trischler (Hrsg.), Antworten, S. 163–187; Christiane Reuter-Boysen: Diversifizierung von Großforschung, in: Szöllösi-Janze/Trischler (Hrsg.), Großforschung, S. 161–177. Für die USA siehe die Fallstudie von Albert H. Teich und W. H. Lambright: The Redirection of a Large National Laboratory, in: Minerva 14 (1976), S. 447–474.

21. 参考 Andreas Stucke: Institutionalisierung der Forschungspolitik: Entstehung, Entwicklung und Steuerungsprobleme des Bundesforschungsministeriums, Frankfurt a. M. und New York 1993, sowie Peter Weingart und Niels C. Taubert (Hrsg.): Das Wissensministerium. Ein halbes Jahrhundert Forschungs- und Bildungs- politik in Deutschland, Weilerswist 2006.

22. 参考 Szöllösi-Janze, Geschichte der AGF, S. 276–301, sowie Susanne Mutert: Großforschung am Markt. Auftragsvergabe zwischen staatlicher Steuerung und Selbstregulation am Beispiel des Deutschen Elektronen-Synchrotrons (DESY), in: Ritter/Szöllösi-Janze/Trischler (Hrsg.), Antworten, S. 81–106.

23. 参考 Ritter, Großforschung und Staat, S. 100–117.

24. Thomas J. Misa und Johan Schot: Inventing Europe: Technology and the Hidden Integration of Europe, in: History and Technology, 21 (2005), S. 1–18, und Helmuth Trischler und Hans Weinberger: Engineering Europe: Big Technologies and Military Systems in the Making of 20th Century Europe, in: ebd., 49–83. 参考 allgemein Martin Kohlrausch und Helmuth Trischler: Building Europe on Expertise. Innovators, Organizers, Networkers, Basingstoke 2014.

25. Wolfgang Gentner: Großforschung als Problem moderner europäischer Zusammenarbeit, in: Ruprecht Kurzrock (Hrsg.): Physik und Kosmologie. Stand und Zukunftsaspekte naturwissenschaftlicher Forschung in Deutschland, Berlin 1971, S. 137–148; vgl. Helmuth Trischler: Wolfgang Gentner und die Großforschung im bundesdeutschen und europäischen Raum, in: Dieter Hoffmann und Ulrich Schmidt-Rohr (Hrsg.): Wolfgang Gentner. Festschrift zum 100. Geburtstag, Berlin und Heidelberg 2006, S. 95–120.

26. 参考 Armin Hermann u. a.: History of CERN, 3 Bde., Amsterdam 1987, 1990 und 1996; John Krige: American Hegemony and the Postwar Reconstruction of Science in Europe, Cambridge und London 2006; Bruno J. Strasser: The Coproduction of Neutral Science and Neutral State in Cold War Europe: Switzerland and International Scientific Cooperation, 1951–69, in: Osiris 24 (2009), S. 165–187.

27. 最好参见 John Krige 的指导性案例研究（die instruktive Fallstudie von John Krige）: The Peaceful Atom as Political Weapon: Euratom and American Foreign Policy in the Late 1950s, in: Historical Studies in the Natural Sciences 38/1 (2008), S. 5–44.

28. 参考 John Krige und Arturo Russo: A History of the European Space Agency 1958–1987, 2 Bde., Noordwijk 2000.

29. Helmuth Trischler: Luft- und Raumfahrtforschung in Deutschland 1900–1970. Politische Geschichte einer Wissenschaft, Frankfurt a. M. und New York 1992; ders.: The „Triple Helix" of Space. German Space Activities in a European Perspective, Paris 2002; Niklas Reinke: Geschichte der deutschen Raumfahrtpolitik. Konzepte, Einflußfaktoren und Interdependenzen 1923–2002, München 2004.

30. Szöllösi-Janze, Geschichte der AGF, S. 21. Das Folgende nach ebd., S. 22–164.

31. 参考 Keeps Gispen: Poems in Steel. National Socialism and the Politics of Inventing from Weimar to Bonn, New York 2002, und Rudolf Boch (Hrsg.): Patent- schutz und Innovation in Geschichte und Gegenwart, Frankfurt a. M. und Berlin 1999.

32. Szöllösi-Janze, Geschichte der AGF, S. 69; zum Folgenden ebd., S. 70–77.

33. Anselm Doering-Manteuffel und 鲁茨・拉斐尔 Lutz Raphael: Nach dem Boom. Perspektiven auf die Zeitgeschichte seit 1970, Göttingen 2008. 设立一个共同专利部门的这个伟大的解决办法没有实现。相反，小组委员会对出版半年度书面信息的“格式工厂”这样小的问题取得了一致，而书面信息在绝密的 A 部分包括所有尚未发布的专利申请并在公布于众的 B 部分发表了非机密的数据。

34. 参考 Michael Ruck: Ein kurzer Sommer der konkreten Utopie. Zur westdeutschen Planungsgeschichte der langen 60er Jahre, in: Axel Schildt u. a. (Hrsg.): Dynamische Zeiten. Die 60er Jahre in den beiden deutschen Gesellschaften, Hamburg 2000, S. 362–401 und bes. Karin Orth: Autonomie und Planung der Forschung. Förderpolitische Strategien der Deutschen Forschungsgemeinschaft 1949–1968, Stuttgart 2011.

35. 参见 Josef Wiegand: Informatik und Großforschung. Geschichte der Gesellschaft für Mathematik und Datenverarbeitung, Frankfurt a. M. und New York 1994, und Hans-Willy Hohn: Kognitive Strukturen und Steuerungsprobleme der Forschung. Kernphysik und Informatik im Vergleich, Frankfurt a. M. und New York1998.

36. Margit Szöllösi-Janze: Die Arbeitsgemeinschaft der Großforschungseinrichtungen. Identitätsfindung und Selbstorganisation, 1958–1970, in: dies./Trischler(Hrsg.), Großforschung, S. 140–160, hier S. 149.

37. Wolfgang Cartellieri: Die Großforschung und der Staat, in: Bundesminister für wissenschaftliche Forschung (Hrsg.): Die Projektwissenschaften, München 1963, S. 3–16.

38. Wolfgang Cartellieri: Die Großforschung und der Staat. Gutachten über die zweckmäßige rechtliche und organisatorische Ausgestaltung der Institutionen für die Großforschung, Teil 1, München 1967.

39. Hans Slemeyer: Erinnerungen an die Gründung der AGF (23.7.1984), zit. nach Szöllösi-Janze, Arbeitsgemeinschaft, S. 158. Die zehn Dobeler Thesen sind abgedruckt in Szöllösi-Janze, Geschichte der AGF, S. 340–342.

40. Ernst-Joachim Meusel: Großforschung und Autonomie, in: GSF–Forschungszentrum für Umwelt und Gesundheit (Hrsg.): Großforschung und Autonomie. Die Geschichte der Helmholtz-Gemeinschaft, München-Neuherberg 2006, S.11–20, hier S. 14; ähnlich bereits ders.: Geschichte, Bedeutung und Aufgaben der Arbeits- gemeinschaft der Großforschungseinrichtungen (AGF), in: Geschäftsführender Vorstand der DFVLR (Hrsg.): Forschungsförderung und Selbstverwaltung. Fest- schrift für Horst Niemeyer, Köln 1973, S. 143–158.

41. Szöllösi-Janze, Geschichte der AGF, S. 164; vgl. zum Folgenden ebd., S. 154–335.

42. Butenandt an Schlüter vom 4.2.1970, zit. nach ebd., S. 156.

43. 详细参见 Helmuth Trischler: Harnacks „Großbetrieb der Wissenschaft" in der Kaiser-Wilhelm-/Max-Planck-Gesellschaft, in: Dieter Hoffmann, Birgit Kolboske und Jürgen Renn (Hrsg.): „Dem Anwenden muss das Erkennen vorausgehen": Auf dem Weg zu einer Geschichte der Kaiser-Wilhelm/Max-Planck-Ge- sellschaft, Berlin 2014, S. 242–259.

44. 参考 Trischler/vom Bruch, Forschung für den Markt, S. 98–120.

45. Aktenvermerk von Staatssekretär Hans von Heppe für Leussink vom 2.2.1970, zit. nach Szöllösi-Janze, Geschichte der AGF, S. 157.

46. AGF-Vorsitzender Herwig Schopper, zit. nach Szöllösi-Janze, Geschichte der AGF, S. 334.

47. 参考 Trischler/vom Bruch, Forschung für den Markt, S. 120–125.
48. BMFT-interner Aktenvermerk vom 14.4.1976, zit. nach Szöllösi-Janze, Geschichte der AGF, S. 328.
49. Wissenschaftsrat: Empfehlungen des Wissenschaftsrates zu Organisation, Planung und Förderung der Forschung, Köln 1975, S. 60.
50. Beckurts an Meusel vom 12.10.1979, zit. nach Szöllösi-Janze, Geschichte der AGF, S. 334.
51. 参考 Susanne Mutert: Großforschung zwischen staatlicher Politik und Anwendungsinteresse der Industrie, Frankfurt a. M. und New York 2000.
52. Bundesregierung: Bericht über die Umsetzung des Berichts der Bundesregierung über „Status und Perspektiven der Großforschungseinrichtungen" vom 22.10.1986 (BT-Drucksache 10/6225), S. 6.
53. Meusel, Großforschung und Autonomie, S. 14.
54. BerliNews, Forschungspolitik vom 15.1.2001.
55. Hertek, Thomas, Jahrestagung Berlin 1998, S. 14 und 18.
56. Stellungnahme der Mitgliederversammlung, Bonn 12.11.1991, Archiv Geschäftsstelle der Helmholtz-Gemeinschaft, Bonn, Ordner IX, 3. MGV, 3.1 Sitzungen der MGV 1991/92.

57. Vermerk Gespräch der Kaufmännischen Geschäftsführer mit Dr. Baumgarten, BMFT, Bonn 1.3.1991, Archiv Geschäftsstelle der Helmholtz-Gemeinschaft, Bonn, Ordner.
58. Ebd.
59. 参考 Schot/Misa, Inventing Europe; Thomas Naumann: Teilchen ohne Grenzen, In: Chr. Forstner, D. Hoffmann (Hrsg.): Physik im kalten Krieg. Wiesbaden 2013, S. 63f.
60. 参考 Hermann u. a., History of CERN, sowie John Krige: Atoms for Peace, Scientific Internationalism, and Scientific Intelligence, in: Osiris 21 (2006), 161–181; siehe auch oben S. 16.
61. Claus Habfast 关于研究所与其合作史研究（Zur Geschichte der Institute und ihrer Kooperationen）Claus Habfast: Großforschung mit kleinen Teilchen, Heidelberg 1989; Thomas Stange:Institut X, Stuttgart 2001; Erich Lohrmann und Paul Söding: Von schnellen Teilchen und hellem Licht, Weilheim 2009; Thomas Naumann: Teilchen ohne Grenzen, in: Chr. Forstner und D. Hoffmann (Hrsg.): Physik im kalten Krieg, Wiesbaden 2013, S. 63 f.; DESY in Brandenburg. Symposium zum 20-jährigen Jubiläum der Unterzeichnung des Staatsvertrages. DESY, Hamburg Zeuthen 2013.
62. 参考 Renate Mayntz: Deutsche Forschung im Einigungsprozess. Die Transformation der Akademie der Wissenschaften der DDR 1989 bis 1992, Frank- furt a. M. und New York 1994; Jürgen Kocka und Renate Mayntz (Hrsg.): Wissenschaft und Wiedervereinigung. Disziplinen im Umbruch, Berlin 1998. Instruktiv auch die Kritik der späteren Bundesforschungsministerin Edelgard Bulmahn (Hrsg.): Vereinheitlicht? Die deutsch-deutsche Wissenschaftslandschaft – Chancen und Herausforderungen, Münster 1997.
63. 参考 Johannes Abele: Großforschung in der DDR. Das Zentralinstitut für Kernforschung Rossendorf in den siebziger Jahren, in: Ritter/Szöllösi-Janze/ Trischler (Hrsg.), Antworten, S. 316–338, und Peter Liewers, Johannes Abele und Gerhard Barkleit (Hrsg.): Zur Geschichte der Kernenergie in der DDR, Frankfurt a. M. 2000.
64. Wissenschaftsrat: Stellungnahme zu den außeruniversitären Forschungseinrichtungen in den neuen Ländern und in Berlin - Allgemeiner Teil, Düsseldorf 5.7.1991 (Drs. 320/91).
65. 参考 Leipzig Permoserstraße. Zur Geschichte eines Industrie- und Wissenschaftsstandorts, Leipzig 2001.
66. 参考 Hans-Walter Schmuhl (Hrsg.): Rassenforschung an Kaiser-Wilhelm-Instituten vor und nach 1933, Göttingen 2003, mit weiterführender Literatur.
67. Josef Reindl: Akademiereform und biomedizinische Forschung in Berlin-Buch, in: Ritter/Szöllösi-Janze/Trischler (Hrsg.), Antworten, S. 339–360; Heinz Bielka: Geschichte der medizinisch-biologischen Institute Berlin-Buch, Berlin und Heidelberg 1997, 2002.
68. Bielka, Geschichte der medizinisch-biologischen Institute Berlin-Buch, S. 117.
69. Zu den Details der Gründung vgl. Ralph Bloch: Der Potsdamer Telegrafenberg. Ein traditionsreicher Forschungsstandort zwischen DDR und wiedervereinigtem Deutschland, Potsdam 2008, S. 35.
70. Wissenschaftsrat: Stellungnahme zu den außeruniversitären Forschungseinrichtungen in der ehemaligen DDR auf dem Gebiet der Geo- und Kosmoswissenschaften, Köln 1992, S. 37.
71. 参考 Siehe dazu Achim Wickler: Weltraumforschung in der DDR, in: Helmuth Trischler und Kai-Uwe Schrogl (Hrsg.): Ein Jahrhundert im Flug. Luft- und Raumfahrt- forschung in Deutschland 1907–2007, Frankfurt a. M. und New York 2007, S. 460–478.
72. 参考 Kohlrausch/Trischler, Building Europe on Expertise, S. 243–247. Hierzu und zum Folgenden bes. Katharina Hein-Weingarten: Das Institut für Kosmosforschung der Akademie der Wissenschaften der DDR, Berlin 2000, S. 271–282 u. 51–57.
73. 关于 1991 年 3 月 1 日的商业总经理与 Baumgarten（联邦研究技术部）谈话的附注，亥姆霍兹联合会机关的资料室【档案】，波恩。
74. Überlegungen zu einer künftigen Struktur der AGF, 2.11.1994, Ablage Geschäftsstelle der Helmholtz-Gemeinschaft, Bonn.
75. Ebd.
76. Ergebnisvermerk über die Klausurtagung der Vorstände der Mitglieder der AGF am 4.2.1995 auf Schloss Ringberg, Ablage Geschäftsstelle der Helmholtz- Gemeinschaft, Bonn.
77. 参考 David Cahan (Hrsg.): Hermann von Helmholtz and the Foundations of Nineteenth-Century Science, Berkeley 1994; Dieter Hoffmann (Hrsg.): Hermann von Helmholtz (1821 bis 1894). Berliner Kolloquium zum 100. Todestag, Bremerhaven 1996.
78. Specht, Tilzer und Wiik an Treusch, 9.1.1995, Ablage Geschäftsstelle der Helmholtz-Gemeinschaft, Bonn.
79. 参考 das Interview mit Joachim Treusch im vorliegenden Band, S. 52–55.
80. Detlev Ganten: Die Geschichte der Helmholtz-Gemeinschaft, in: GSF–Forschungszentrum für Umwelt und Gesundheit (Hrsg.): Großforschung und Autono- mie. Die Geschichte der Helmholtz-Gemeinschaft, München-Neuherberg 2006, S. 24–31, hier S. 27.
81. Ergebnisvermerk der Klausurtagung am 4.2.1995, Ablage Geschäftsstelle der Helmholtz-Gemeinschaft, Bonn.
82. Wolfgang Frühwald: Das „Friedensband der zivilisierten Nationen" oder: Welche Verpflichtung der Name Helmholtz bedeutet. Festakt Berlin 1995. Tagungs- dokumentation S. 26–35.
83. Die folgenden Zitate ebd., S. 34.
84. Ferdinand Tönnies: Gemeinschaft und Gesellschaft. Abhandlung des Communismus und des Socialismus als empirischer Culturformen, Berlin 1887; ab der zweiten Auflage von 1912 erschien das Werk dann mit dem politisch unverfänglicheren Untertitel: Grundbegriffe der reinen Soziologie.
85. 参考 Lars Clausen und Carsten Schlüter (Hrsg.): Hundert Jahre „Gemeinschaft und Gesellschaft". Ferdinand Tönnies in der internationa-

len Diskussion, Opladen 1991.
86. Strategiefonds mobilisiert innovatives Potential, in: Naturwissenschaften 85 (1998), 464.
87. 1999 年波恩亥姆霍兹联合会年会会议报告，第 25 页.
88. Antworten auf Fragen der Programmförderung der HGF, Bonn 14.5.2001, BMFT-Material.
89. 参考 Michael Steiner: Programmorientierung der Helmholtz-Gemeinschaft, in: Stifterverband für die Deutsche Wissenschaft (Hrsg.): Foresight.Prioritätensetzung in der Forschungsfinanzierung, Essen 2002, S. 69–73.
90. 亥姆霍兹联合会 2002 年报 , S.2.
91. Stellungnahme der Vereinigung der Wissenschaftlich-Technischen Räte der HGF zum gegenwärtigen Stand der geplanten Programmsteuerung vom 30.10.2000, BMFT-Material.
92. Position der Mitgliederversammlung der Helmholtz-Gemeinschaft zu den Voraussetzungen einer programmorientierten Förderung, Bonn 15.5.2001, BMFT-Material.
93. Wissenschaftsrat: Systemevaluation der HGF–Stellungnahme des Wissenschaftsrates zur Hermann von Helmholtz-Gemeinschaft Deutscher Forschungs- zentren, Berlin 2001 (Drs. 4755/01), S. 4 und 8.
94. Ebd., S. 25.
95. 亥姆霍兹联合会 2012 年年报，第 8 页.
96. Cartellieri，大科学和国家；见上.
97. 参考 2014 年 9 月 11 日 Dieter Hoffmann 对 Uwe Thoma 的采访.
98. 参考如 die Einführung des Forschungsprospektionsinstruments FUTUR; Wolf-Michael Catenhusen: Prioritätensetzung in der Forschungsförderung, in: Stifterverband für die Deutsche Wissenschaft (Hrsg.): Foresight. Prioritätensetzung in der Forschungsfinanzierung, Essen 2002, S. 49–60.
99. Die Programmorientierte Förderung der Helmholtz-Gemeinschaft. Eine Leistungsbilanz. 2010 (Helmholtz-Gemeinschaft 2006, S. 4; 2008, S. 47.
100. Ebd., S. 11.
101. 参考 die Kurzporträts der Forschungsbereiche in diesem Buch, S. 73ff.
102. 亥姆霍兹联合会 2005 年年报，第 9 页.
103. Wissenschaftsrat: Systemevaluation der HGF, Stellungnahme des Wissenschaftsrates zur Hermann von Helmholtz-Gemeinschaft Deutscher Forschungszen- tren, Berlin 2001 (Drs. 4755/01), S. 65.
104. Michael Hartmann: Der Weg zum KIT, Karlsruhe 2013, S.70ff.
105. Aufstieg in die Weltliga der Forscher, 南德意志报 2009 年 7 月 31 日.
106. 参考 Michael Hartmann: Der Weg zum KIT, Karlsruhe 2013. Dennis Nitsche: Die Gründung des Karlsruher Instituts für Technologie, in: Badische Heimat 2 (2008), S. 166–175.
107. Vorbild für Dresden und Potsdam, FAZ v. 30.7. 2009, S. 4.
108. Jürgen Mlynek: Vorwort, in: GSF–Forschungszentrum für Umwelt und Gesundheit (Hrsg.): Großforschung und Autonomie. Die Geschichte der Helmholtz-Gemeinschaft, München-Neuherberg 2006, S. 7.
109. Helmuth Trischler: Aeronautical Research under National Socialism: Big Science or Small Science? in: Margit Szöllösi-Janze (Hrsg.): Science in the Third Reich, London 2001, S. 79–110; vgl. auch Catherine Westfall und Lillian Hoddeson: Thinking Small in Big Science: The Founding of Fermilab, 1960–1972, in: Technology and Culture 37 (1996), 457–492.
110. Peter Galison: The Many Faces of Big Science, in: ders. und Bruce Hevly (Hrsg.): Big Science. The Growth of Large-Scale Research, Stanford 1992, S. 1–17.
111. James H. Capshew und Karen A. Rader: Big Science: Price to the Present, in: Osiris 7 (1992), S. 3–25.
112. Catherine Westfall: Rethinking Big Science. Modest, Mezzo, Grand Science and the Development of the Bevalac, 1971–1993, in: Isis 94 (2003), S. 30–56.
113. Niki Vermeulen: Supersizing Science. On Building Large-Scale Research Projects in Biology, Boca Raton 2010; vgl. auch Bart Penders: The Diversification of Health. Politics of Large-Scale Cooperation in Nutrition Science, Bielefeld 2010, und John N. Parker, Niki Vermeulen und Bart Penders (Hrsg.): Collaboration in the New Life Sciences, London 2010.
114. GSF–Forschungszentrum für Umwelt und Gesundheit (Hrsg.): Großforschung und Autonomie. Die Geschichte der Helmholtz-Gemeinschaft, München-Neu- herberg 2006, S. 33.
115. 沃夫冈・弗吕瓦尔德（Wolfgang Frühwald）:《文明国家的和平册（卷）》——Wolfgang Frühwald: Das „Friedensband der zivilisierten Nationen".

2016 年

奥特玛·威斯特勒（Otmar Wiestler）教授

2014 年

斯特凡·赫尔（Stefan Hell）教授获得诺贝尔化

第三轮项目导向的科研资助模式启动 2014/2015

2012 年

GEOMAR 亥姆霍兹基尔海洋研究中心成为亥姆霍兹耳

由马克斯·德尔布吕克分子医学中心（MDC）与柏林

宣布第 100 个亥姆霍兹虚拟研究所成立

2011 年

德累斯顿罗森多夫研究中心正式成为亥姆霍兹联合会的新成

2009 年

第二轮项目导向的科研资助模式 2009/2010~2013/2014 启动

哈恩 - 迈特纳所和与柏林同步辐射电子储存环研究所（BESSY）合

德国神经退行性疾病中心（DZNE）成立并成为亥姆霍兹联合会新成

卡尔斯鲁厄研究中心和卡尔斯鲁厄大学（TH）合并为卡尔斯鲁厄理

在美因兹、耶拿和萨尔布吕肯的首批亥姆霍兹研究所投入运行

2008 年

哈拉尔德·楚尔·豪森（Harald zur Hausen）教授获得诺贝尔医学奖

2007 年

彼得·格林贝格（Peter Grünberg）教授获得诺贝尔物理学奖

第一个亥姆霍兹科研联盟问世

2005 年

于尔根·姆利内克被推选为亥姆霍兹联合会的主席

2003 年

第一轮项目导向的科研资助模式 2004/2005~2008/2009 启动

发布第一轮亥姆霍兹虚拟研究所和亥姆霍兹青年科学家团组招标通知

2002 年

发起倡议与协作基金

确定评议会的架构和成立第一个项目评估小组

2001

瓦尔特·克罗尔博士教授被选为亥姆霍兹联合会的第一任主席

亥姆霍兹联合会完成科技社团的注册登记

联合会实施改革和确立项目导向资助模式

1999 年

设置能源、医学健康、物质结构、关键技术、地球与环境、航空航天与交通六个研究领域

1998 年

首次动用战略基金资助研究项目

1997 年

德特烈夫·甘滕教授被选举为亥姆霍兹联合会的会长

为创新重点研究成立战略基金

由亥姆霍兹评议会组织的突破研究中心界限的首轮评估正式启动

1995 年

约阿希姆·陶意希教授被选为亥姆霍兹联合会首任会长

成立亥姆霍兹评议会，聘用来自科学界、政界和经济界的知名人士

大科学中心协会更名为亥姆霍兹国家研究中心联合会

霍兹联合会主席

特）临床医院合并的柏林健康研究院（BIG）正式面世

白林材料与能源研究中心

与1995~2015年历任会长和主席的对话

他们是搭建亥姆霍兹联合会的架构、为之赋能并使之运转起来的灵魂人物。
这些1995年以来的会长与主席极大地塑造和影响了今天的亥姆霍兹联合会：是他们让各机构合并到新名称之下，然后推出了六大科研领域的划分，最后实施项目导向的科研资助模式。在他们4个人各自任期内，经历了哪些重大事件？有哪些关键人物或值得追忆的会谈？又遇到了哪些必须克服的障碍？我们有请他们一一道来。

对话约阿希姆·陶意希

德国亥姆霍兹联合会首任会长，任职时间为1995~1997年

陶意希先生，请问您是怎样跻身到亥姆霍兹联合会的呢？

约阿希姆·陶意希：我曾在1984~1986年担任德国物理学会主席，那时就有机会到处走访和参加各大科研单位的年度聚会。因此在成为亥姆霍兹联合会的一员之前，我就接触了大科学中心协会的工作。除此之外，我从1979开始就是马普固体物理研究所和于利希核研究中心两家联合的科技学术委员会的成员，后者就是原先的大科学中心协会、现在的亥姆霍兹联合会下属的于利希研究中心。后来我被推荐为于利希研究中心主管物理和新设立的信息技术研究的董事会成员。我从此成为亥姆霍兹联合会的正式一员。我对职业生涯过渡到科学管理领域从未后悔过。

您认为大科学中心协会在那段时间的情况如何？

约阿希姆·陶意希：我是1987年开始参与这边工作的，那时发生了对大科学中心协会影响很大的两件事情：第一件事情是卡尔·海因茨·贝克特遇害。这对大科学中心的员工是很大震撼，虽然贝克特转去西门子股份公司董事局已经很长一段时间了，但他此前长期担任于利希核研究中心的主任而且在大科学中心协会内部很有影响力。第二件事情是切尔诺贝利核泄漏事故和随之而来的弃核争议。简而言之，那时大科学研究形势很不乐观，来自社会和媒体的评价也不高。当时主流观点是大科学研究已成明日黄花了。

大科学研究与核科研是怎样的关系？

约阿希姆·陶意希：几个最开始的研究中心如卡尔斯鲁厄研究中心、于利希研究中心和吉斯塔赫研究中心，都是因为核科研而成立的。

1989年两德统一之后，大科学中心协会在前民主德国地界的5个新联邦州扩增了新的中心，这是政治决定，还是这些单位有很好的建设方案或者是与各方面有很好的关系？

约阿希姆·陶意希：在民主德国确实有几家学术上非常棒的科研机构，这是一定要挽救的。例如，我们于利希研究中心对德累斯顿的非常优秀的固体物理研究所提供了支持。虽然当时不合常规，但事实证明这么做十分值得。环境和地学研究具有很重要的政治意义，因此对我们来说操作起来相对比较顺畅，我们把位于三个州的波茨坦、莱比锡和哈勒的科研单位成功收编。波茨坦的地学研究中心和哈勒-莱比锡环境研究中心非常符合大科学研究的理念，大科学中心协会各个成员单位对此看法十分一致。包括应该在柏林建设研究中心这个立场原本也是非常明确的，但只有后来成立的马克斯·德尔布吕克分子医学中心加入了本协会。德国癌症研究中心特别希望大科学中心协会能接纳该中心使其成为新成员。

大科学中心协会的扩张是因为赶上了两德统一，大科学中心协会此前有想到会扩充规模吗？

约阿希姆·陶意希：其实当时是没有扩张空间的。联邦德国政府和州政府协定是按9∶1的比例配置经费，要成立新的大科学中心不光要有理由，而更要确保相关主管部门能出钱。早在20世纪80年代初期，各联邦州就已谈判商定了资助力度，联邦研究技术部负责国内国际众多事务，也无力加大资金支持力度。因此成立新的研究中心意味着增添了大科学中心协会现有各中心的经济压力。

当时大科学中心协会与部里的关系如何？

约阿希姆·陶意希：虽说当时有减少核科研的计划，但同时也可以说，中心科研做得越好，也就越容易减少部委的影响。当时，联邦研究技术部对每个中心都设有专管并且还派遣监事会主席。例如，于利希研究中心的监事会主席传统上就是一位国务秘书，监事会此外还有所在州的两位部长和几位来自经济界、科学界的高级代表。监事会的权力非常大，在联邦德国政府和研究中心所在州政府之间可以做到某些平衡。各研究中心都享有或多或少的自主权，中心为确保良好财务状况，需要向所在州的部门和各联邦部委争取权益。但和现在相比，那时的大科学中心协会没有实权。

研究中心之间会有冲突吗？

约阿希姆·陶意希：我们参加大科学中心协会成员大会时，惊喜地发现各个中心之间相处得十分融洽。当然我们也注意到，大家都不会动别人的奶酪。伴随着两德统一后带来的资金紧张问题，大家越来越意识到，相比之下大科学中心协会单位的资金总盘面更为重要。因此，所有中心之间精诚团结显得至关重要。此外，大科学中心协会对内、对外的影响力在很大程度上取决于在任会长的个性。

约阿希姆·陶意希教授于1995~1997年担任新成立的亥姆霍兹联合会的第一任会长。陶意希博士毕业于马尔堡大学物理学专业，1970年，陶意希29岁成为法兰克福大学教授，后转至多特蒙德大学任教。1984~1986年任德国物理学会主席，1990~2006年任于利希研究中心董事会主席。在离开亥姆霍兹联合会之后，出任不来梅雅各布大学校长。

“总体来说，在变身为亥姆霍兹联合会之后，大科学研究机构的自主性也随之而变强了。”

——约阿希姆·陶意希

当时的大科学中心协会的形象地位如何？

约阿希姆·陶意希：20世纪90年代初，也就是两德统一前后，形势十分明朗：马普学会自成一派；德国科学基金会也是个全世界范围令人羡慕的自主机构，由于它负责在科技界分配科技资源，因此也角色独特；弗劳恩霍夫协会则因为更偏向产业及应用，尽管很成功但却属于比较边缘的角色；相比较而言，大科学中心有点儿像懵懂的少年，必须努力闯出自己的名声。

那么在两德统一之后，各大科研机构之间平衡有改变吗？

约阿希姆·陶意希：是的。相比其他国家，德国的科研体系由差异非常大的马普学会、弗劳恩霍夫协会、亥姆霍兹联合会和高校组成，它们各应有什么不同的分工是个问题。后来莱布尼茨科学联合会也面临同样的问题。亥姆霍兹联合会的关键词就是项目导向的科研资助模式，重点则包括自然科学类的基础研究、大装置运行、教育和国际国内的合作。

1993年，在我以大科学中心协会会长的身份参加“神圣联盟”活动的时候，“神圣联盟”的两位主角是马普学会主席汉斯·扎赫尔（Hans F. Zacher）和德国科学基金会主席沃夫冈·弗吕瓦尔德。两位都是我的天然盟友，他们都希望德国的科学体系能够更加明朗、结构更加稳固，他们都认为大科学研究中心理应扮演重要角色，并共同为大科学中心协会从松散的兴趣协会转变成强壮有力的亥姆霍兹联合会做了许多推动工作。1994年，联邦教育与科学部更名为联邦教育与研究部（BMBF），联邦教育与研究部里的关键领导很快意识到：精心组织的大科学研究可以成为实施具体科研政策的良好工具，即便在国际合作中也同样如此。举例来说，德国电子同步加速器中心对欧洲核子研究组织或慕尼黑、于利希对国际核聚变研究都是不可或缺的。这不是说联邦教育与研究部在细节上管控了我们。但政府看到有望通过国家研究中心实现共同的目标。这样就从大科学中心协会诞生了亥姆霍兹联合会。它也是两德统一之后科研政策发展的必然结果。

在这一过程中您发挥了至关重要的作用。您现在怎样描绘自己的角色？

约阿希姆·陶意希：我们在前期就做了大量相关讨论，我听取了一些建议，特别是扎赫尔和弗吕瓦尔德的意见。部委最初并没有参与。1995年2月，我在瑞恩贝格王宫召集了大科学中心协会全体成员大会。当时大科学中心协会秘书长克劳斯·弗莱舍曼（Klaus Fleischmann）是知情者而且做了充分准备。会议安排相当紧凑：从早上9：00开到晚上9：00，中间没有休息，但议程是按照事先充分准备的“剧本”进行的。最后大家一致认为，要想建立一个强有力的共同体，每个单位都需要向上级移交一部分权利，否则无法对外形成一个有力的联合机构。我们为此需要一个评议会，进行全程严格监管并对外代表亥姆霍兹联合会，还需要起一个能把大家号召在一起的名字。亥姆霍兹这个名字是我在同于利希研究中心同事昂斯特·博泊尔（Ernst Pöppel）的一次头脑风暴中冒出来的——这首先是因为亥姆霍兹联合会专业涉猎面很广，大家都能从中找到衔接点，另外从语言角度上来说，亥姆霍兹联合会的缩写由AGF变为HGF也比较容易改口。所有这些都是在1995年2月4日的瑞恩贝格王宫会议上的决议。我当时被赋予了极大的信任。

当时是否已经有明确的科研政策方向呢？

约阿希姆·陶意希：我们最初的压力来自于外界对大科学研究的漠视，以及相应的资金压力。我们其实都知道大科学研究其实比它外在的名声要好得多。我们希望通过结构化的内部竞争机制来向一个高级别的评议会提交证明。当时的想法是建立一个 5% 战略基金，也就是每个中心拿出 5% 的经费汇到一个总盘子里。各个中心为得到战略基金展开竞争，是骡子是马相互比试一下。这是典型的物理学家思维，直到今天我还是认为这个方法是有效的，只不过政治家和外部参与者不认同这一观点。他们认为只有掌握更多的资金才能实现真正有效的管理。

像您这样的大科学中心的主任，是不是会自动成为大科学中心协会的会长的人选？

约阿希姆·陶意希：按照章程规定会长职务规定两年一届，并没有大型研究中心优先的偏向。据我实际观察，中小型科研中心主任出任会长的次数甚至多于三个大型研究中心。

您于是成了新的亥姆霍兹联合会的首位会长。

约阿希姆·陶意希：我是改名为亥姆霍兹联合会后的第一任会长。但显然，我们很快就要由一个简单的联合会转变为一个有专职主席负责的登记社团。为此这就必须有联邦教育与研究部的参与。瑞恩贝格古堡会议结束的当天，这些事情就定下来并得到部委高层的认可，特别是对口我们工作的国务秘书吉布哈德·齐勒（Gebhard Ziller）认为，大科学研究的发展壮大也会加强部委的力量。总的来说，转变为亥姆霍兹联合会增加了各个大科学研究中心的自主权。

亥姆霍兹联合会成立以后您做了两年的会长，那段时期最重要的发展是什么？

约阿希姆·陶意希：在那两年我们确立了延续至今的亥姆霍兹联合会六大科研重点领域：能源、地球与环境、医学健康、航空航天与交通、关键技术和物质结构。我们建立了战略基金，成立了评议会并获得全体会员大会的认可，并且评议会能介入科研领域和战略基金的规划过程。

新成立的评议会起到什么作用呢？

约阿希姆·陶意希：高层次的评议会可以凭借评议会委员的个人声誉在一定程度上减轻外部敌意和政治压力。我们深信委员能够认可各科研中心的质量。评议会每年召开两次会议，我们会提交一份报告供其讨论，评议会任命战略基金审核小组，听取审核结果并做出决定。再后来过渡到以项目导向的科研资助模式，即科研中心的所有经费都需要通过竞争取得，那是在我卸任之后才发生的事情。

1997 年您从亥姆霍兹联合会的会长职务上卸任。这个时间是您自己选择的吗？

约阿希姆·陶意希：不是的，两年时间原本是我法定的任期，只是在成立亥姆霍兹联合会之后新的主席任期从往常的两年任期延长为五年。但我早已明确表示过，我本人愿意为了亥姆霍兹联合会的统一管理和设立专职主席趟出路来，但是我本人不会担任这一职位。我当时认为这个决定完全正确，现在也还持这个态度。

那么如何产生继任者呢？

约阿希姆·陶意希：我的任务就是同合适的人选谈话，说服他并向成员大会介绍他。

今天，您如何评价自己作为亥姆霍兹联合会的开拓者和创始会长角色？

约阿希姆·陶意希：毫无疑问，这是我这一生中最大的成就。

对话德特烈夫·甘滕

德国亥姆霍兹联合会前会长，任职时间为1997~2001年

甘滕先生，您在出任亥姆霍兹联合会会长之前，参与创立了一个新的研究中心，能讲讲这个事情吗？

德特烈夫·甘滕：我当年是科学委员会的委员，1989年在德国出乎所有人的意料实现统一之后，联邦政府委托科学委员会对民主德国的科研机构进行评审。1990~1991年，我们同科学委员会下属的医学委员会一起拜访了民主德国所有科研机构，整个过程历时一年半。那时全国都沉浸在两德统一的激动情绪中，许多事情都有待新的开始。我们普遍认为应该调整德国的科研体系，使之更适应国际发展趋势。两德统一正是一个很好的机会，让我们重新审视全德国的整个科研系统，并进行部分调整。我们中大多数人的观点，也包括民主德国的科学家都认为，不能将联邦德国模式全盘照搬至民主德国。就医学领域来说，我从事的心脑血管研究和其他研究方向一样，最重要的就是医院、临床研究和基础研究这三者结合起来。但是对许多做医学方面基础研究的研究所来说，没有能够接触到患者的体制机制。在两德统一后，部委和一些其他力量力求尝试建立新的体制机制。我们同联邦层面和州层面的人员进行了讨论，提出了一些新的想法。现在的马克斯·德尔布吕克分子医学中心（MDC）就采用了临床医学研究的新模式。在MDC，科研人员有机会进行卓越的心血管、癌症和脑病研究，于是我欣然接受邀请，作为在新联邦州新成立科研单位的最早一批所长之一，于当年9月1日在柏林布赫走马上任。

两德统一对后来的亥姆霍兹联合会有什么影响？

德特烈夫·甘滕：两德统一改变了很多事，亥姆霍兹联合会也变成了一个全新的机构，它和之前的大科学中心协会诉求也不同。那段时期有很多讨论，如统一后德国作为科学大国应该有什么样的科研体系结构和发展。很清楚的是必须加强合作。就亥姆霍兹联合会而言，当时15个大型研究中心和亥姆霍兹联合会管理部门之间的关系、对外形象代表和共同的研究专题都是内部热议的话题。

位于柏林布赫的科学院研究所是一个庞大的机构，您是怎样对它重组的？

德特烈夫·甘滕：民主德国科学院在柏林布赫的研究所是民主德国最大最重要的生物医学中心，主要由癌症研究所、心血管研究所和分子生物学研究所组成。该中心在国际上享有盛名并建立了重要的科学传统。在那里历史的传承和追求真正科学的传统给我留下了深刻印象。即便是在民主德国时期，柏林布赫也保持着对科学文化传统的记忆和对德国科学恰如其分的骄傲。我认为柏林布赫后来能取得成功，恰恰正是因为基于这个文化基础。我们没有将联邦德国的模式生搬硬套移植到那里，而是有意识地很好地利用了原有的良好基础来继续发展。当然我们也引入了部分新的思想、科学理念和结构。

然而由于各种各样的原因，重组非常艰难。柏林布赫的研究所原有员工超过2000人，但我们新成立的研究中心只批下来了250个编制。我当然为更多的岗位进行了抗争，但没能成功，主要是因为政府不希望再设立人员庞杂的“老式”的大科学研究机构。德国那些大型研究机构名声可不太好。经科学委员会推荐，MDC依照亥姆霍兹联合会的模式获得联邦资助，但是其组织结构变得更新颖、规模更小、更灵活、更现代。柏林布赫研究中心就通过先进的生物细胞学和基因组学技术，转变成标杆式的临床医学研究机构。我们通过分子医学研究认识到，基因作为生命的基础构成，是我们理解分析许多疾病、做诊断和治疗、保健和疾病预防的基石。MDC成功的关键因素之一，是因为我们是“新型”亥姆霍兹研究中心，这里没有等级制度，即便是青年研究人员也拥有很高的独立自主性和自我负责意识。这里没有官僚主义，实行简化管理，具有最大限度的自由和现代化的基础设施及绩效导向的资助模式。这些特点被保留下来，直至今日MDC仍是吸引世界顶尖研究人员的一块金字招牌。

您怎么看当时的亥姆霍兹联合会？

德特烈夫·甘滕：亥姆霍兹联合会的科研中心都有个模版式的管理结构，有一位科学主任和一位行政主任，因此可以高效解决日常各种事务，这一点是高校无法望其项背的。当然，这个班子的工作受到监事会或理事会的监督，科研中心内部一般还有其他的委员会。亥姆霍兹联合会研究中心可能有世界上最好的科研管理模式，直至今日，这仍旧是吸引许多优秀科学家和管理者到亥姆霍兹联合会工作的原因之一。他们在这里可以有所作为。在全体会员大会上经常会有激烈的争论，还有很本质的尖锐冲突，但这些争论和冲突都是具有建设性意义的，绝没有个人因素，也不会势不两立。我之前在国外和大学里工作过，作为亥姆霍兹联合会新成员我学到了很多，包括大家都具有帮助他人分享管理经验和建立广泛人脉的意愿。

1997 年 MDC 第一阶段建设刚告一段落，您就成了亥姆霍兹联合会的会长，这是怎么回事？

德特烈夫·甘滕：我是把亥姆霍兹联合会由过去相对松散的组织结构建成一体化机构提案的支持者，而且认同医学家、物理学家赫尔曼·冯·亥姆霍兹很适合用以命名联合会。当时激烈讨论的是：各个独立的研究中心相对一个强化的联合会、会长的“权力”及跟政府是什么样的关系。在讨论过程中我当然很以“我的 MDC”而自豪，我着重介绍了马克斯·德尔布吕克分子医学中心的具体情况。重要的是，科研中心是创造科研成果的地方，是亥姆霍兹联合会重要的运行单元。

对我来说，各个中心走到一起，能在共同的科研项目上开展实质性的科研合作，能够对内对外表述共同的利益，这都是十分重要的。所以我对当选为会长感到很开心，另外，我觉得由新中心的代表出任亥姆霍兹联合会会长职务也是好事。

德特烈夫·甘滕教授出任 1997~2001 年亥姆霍兹联合会会长，甘滕教授是药理学和分子医学专科医生，他是马克斯·德尔布吕克分子医学中心（MDC）的创办所长及主任（1991~2004 年）。2004~2008 年任柏林夏里特医学院董事会主席，2005 年起任夏里特基金会的基金管理委员会主席，2009 年起任世界卫生峰会主席。

“所有中心主任迅速达成共识，认为亥姆霍兹联合会的定位应该是跨学科合作、长期战略和寻找复杂系统的解决方案。”

德特列夫·甘滕

您为什么期望一个强大的亥姆霍兹联合会?

德特烈夫·甘滕：我是喜欢团队合作的人，而且坚信我们应努力复兴19世纪德国科学的光荣，要承续亥姆霍兹、魏尔肖（Vichow）、科赫(Koch)、埃尔利希（Ehrlich）、贝林(Behring)、爱因斯坦和普朗克等大科学家的传统。为实现这一目标，需要社会和政治力量的支持，还需建立有说服力的体制机制。支离破碎的科学体系是德国科学复兴的障碍，把亥姆霍兹研究中心合并打造成联合会有助于推动这个转变，形成和强化德国的科研体系，从而解决事关未来的重大议题和科学应对国家所面临的重大挑战。为此，通过一个强有力的亥姆霍兹联合会会长或主席作为核心，协调各科研中心的负责人共同制定未来战略并确保战略的实施，就变得非常重要。除了马普学会和德国科学基金会，亥姆霍兹联合会也成为影响德国科学和政治的重要定调者。

如何才能被选为亥姆霍兹联合会的会长呢?

德特烈夫·甘滕：这个您恐怕要问别人了。自然先有一个中心主任层面的选举，选举结果当时让我大吃一惊。我当时觉得自己还太年轻，而且自己属于那种泡实验室的科学家。虽然在MDC我也是主任，但是我把自己在海德堡实验室和工作人员一起带到了MDC，在那里仍然继续做科研，然后我被问到是否有意担当此任。全体成员大会充满激情，我十分高兴地接受了这项任命，我做了承诺，我与各家研究中心主任之间的同事关系很好，获得了诸多支持。

MDC方面如何看待此事?

德特烈夫·甘滕：我相信大多数员工都认为，这体现的是对MDC及其组建工作的认可：MDC已经是这个新的重要联合会不可或缺的一部分。兼任亥姆霍兹联合会会长的工作十分耗时，我当时经常跑到波恩的亥姆霍兹联合会总部或其他研究中心。但我的一个基本管理原则就是单位负责人应当尽力保证科学家自由、独立的科研环境，而不是制造干扰。我在MDC一直是这样做的。

您当会长的那段时间做了什么事情?

德特烈夫·甘滕：我们与包括联邦官员在内的众多人士很广泛地讨论亥姆霍兹联合会的战略方向和研究领域。其中最主要的内容就是亥姆霍兹联合会的社会责任、科研成果的战略相关性、亥姆霍兹联合会跨科研中心的多学科合作研究的组织实施及科研质量保证。亥姆霍兹联合会是一个必须涉及德国政府和国家未来安全的科研机构，尤其是在健康、能源、环境等重要的前瞻性的科研领域。对于亥姆霍兹联合会来说：如何把握好科学优先性原则与德国国家及国际战略之间的平衡？如何处理政治任务？怎样平衡联邦政府和州政府之间的不同兴趣？亥姆霍兹联合会的评议会扮演什么样的角色？评议会由谁领导？评议会的决议对各个中心有多大的影响？在全体成员大会开会前、在各种委员会上、在年度大会的间隙、在与资助方面对面时、在部委里，都是这些热烈的讨论，这些讨论从我的前任会长时期开始，一直延续到我即任的时候。

在这些讨论中您作为亥姆霍兹联合会的会长扮演什么角色？

德特烈夫·甘滕：会长主要起主持人的作用，但最后总要适时做一些决定，这也是会长的任务，而有些不太受欢迎的决定还需要做营销。信任、可靠性和可预见性都是十分重要的。我们经常会开一些闭门会议，会上也会讨论亥姆霍兹联合会扩大的事宜：一开始我们有 13 个研究中心，后来扩展到 14 个、15 个，直到现在的 18 个。这些科研中心如何归类到六大科研领域中去？哪些研究中心属于生命科学？哪些研究中心属于能源？航空航天领域比较好归类，但是物质结构、关键技术应该包括哪些研究中心呢？谁来决定这些？如何进行监管？有待会长来处理的议题和工作相当多。

进行六大科研领域划分是何时确立的？

德特烈夫·甘滕：这件事是在我的任期内开始的。出发点是像能源、生命科学、地球与环境等这些领域都不仅局限于某一个研究中心，也不应该由这些中心自行其是。各位中心主任们很快达成共识，认为亥姆霍兹联合会应体现多学科合作、长期科研战略和复杂的系统解决方案。后来就设立了以战略目标为导向的项目资助方式。通过这一方式，联邦德国的科研重点变得学术目标明确、质量更有保障也更好。

各联邦州在上述决策过程中起了什么作用？

德特烈夫·甘滕：绝大多数的中心都希望实现联邦政府和州政府之间的经费平衡。有些州更为积极，想多为科学做些贡献，但另一些州则只有有限的资金。在做重大战略性决策时，总要多少平衡联邦政府和州政府之间的不同兴趣。我个人认为，也相信许多人都认同我这个观点，高校当然是德国科研和教育体系的根基，高校必须得到支持和资助。亥姆霍兹联合会及其他一些研究机构应同高校建立紧密的合作关系，这事只能与联邦州联手实现，因此联邦州过去和现在都对我们十分重要。

您作为会长的最重要目标是什么？

德特烈夫·甘滕：我希望亥姆霍兹联合会更加强大，各个中心更有自我意识和更加独立自主。各个中心应该通过领域分工形成一致的愿景。为此我们制定了亥姆霍兹联合会章程并得到了政府的认同。在我任职期间，时任教育与研究部部长是埃德加德·布尔曼女士。我们之间充满互信、开放的合作令我记忆犹新，我也学到政策是如何发挥作用的。亥姆霍兹联合会对内对外完成自身的构建是非常重要的任务，作为在两德统一后新成立的科研机构亥姆霍兹联合会还要在德国国内和海外展示形象。这也是很重要的事情，在我看来，当时对以色列、波兰、中国、法国和其他一些国家的公务访问都很重要也卓有成效。

您作为亥姆霍兹联合会的领袖有什么一般性的设想吗？

德特烈夫·甘滕：我当初和现在的梦想就是德国能恢复自己的科学大国形象、作为欧洲重要一员技冠群雄。两德统一是个重要的转折点，我看到了重塑德国科研体系的希望。当时的目标是将德国重新塑造为科研大国，并建立统一后富有浓厚文化气息的科学之国形象，可以把人道主义精神贯彻在研究和成果应用的过程中。在我任职期间，我看到让亥姆霍兹联合会上升为科研体系中重要组成部分的机会。为实现这个目标，单凭科学体系自身是不够的，必须带动全社会并能自我证明，当时我们同其他几个大型科研机构一起合建了“科学对话”项目办公室，通过该项目办公室向公众科普科学知识，并推动社会与科学界的对话。

您提到的这些目标都实现了吗？

德特烈夫·甘滕：我们上面提到的许多方面取得了很大进展，但是对于长期的大目标来说，其实很难说某个具体目标是否已经实现，然后坐下来说事情办完了。科研和科研架构总是需要不断调整以适应新的发展和挑战。

甘滕先生，您任期内给您印象最深的事情是什么？

德特烈夫·甘滕：作为亥姆霍兹联合会的会长，我是德国大科学机构的代表。最令我难忘的，是搭乘总统专机陪同联邦总统约翰内斯·劳对中国进行国事访问。自己亲手准备出访和讨论行程，有机会作为科学之邦德国的代表搭建未来合作的桥梁，这一切是作为科学家一段特别的人生经历。20 年前成立的亥姆霍兹联合会，在内政和外交上都起到了十分重要的作用，我为此深感欣慰。

对话瓦尔特·克罗尔

德国亥姆霍兹国家研究中心联合会首任主席，任职时间为2001~2005年

克罗尔先生，您就任主席的时候亥姆霍兹联合会是处在什么样的状态？

瓦尔特·克罗尔：20世纪90年代我们的研究中心仍备受争议，特别是来自高校的争议，因为外界认为研究中心装备优越，拥有许多长期职位和雄厚资源，但在许多领域却没有表现出应有的高质量的绩效。其后亥姆霍兹联合会迎来了一段过渡时期，虽然改变了名称但是组织结构还未调整，亥姆霍兹联合会的战略方针和使命还未成形，各研究中心分别独自与部委沟通商议经费预算和政治任务。所有这一切直到2001年才有了变化，亥姆霍兹联合会由过去松散的组织结构正式改组为现在的注册社团，并设立了专职主席。此前的协会或联合会的会长就职能来看，就像每隔两年选举一次的机构发言人。

依照新的亥姆霍兹联合会章程，亥姆霍兹联合会的主席除了作为对外代表之外，还主要赋予以下两项任务：亥姆霍兹联合会主席一方面要负责项目导向的资助的关键环节，即亥姆霍兹联合会内部各研究中心需通过竞争方式获得研究经费；另一方面要协调完善亥姆霍兹联合会的总体战略。这对您都意味着什么？

瓦尔特·克罗尔：亥姆霍兹联合会主席和其他注册协会的负责人一样，需要按照章程承担相应任务，即便在紧急情况下也是如此。亥姆霍兹联合会在重新注册后，需要建立全新的组织结构和处事流程，项目导向的资助机制是资金管理的核心，需要全部重新设计并首次实施，这意味着需要耗费大量精力。亥姆霍兹联合会的战略方针也是在一次次漫长的讨论中逐步形成的。除此之外还需组建专门团队来完成新的工作任务——在我卸任之前共有30名工作人员。

在这样的组织结构框架下，各个中心之间的关系发生了什么变化？

瓦尔特·克罗尔：亥姆霍兹联合会确立了能源、地球与环境、医学健康、航空航天与交通、物质结构、关键技术这六大战略科研领域。在各个研究领域内，相关的研究中心联系紧密并将自己的研究力量投入到共同的项目中去。这些项目应该定位于解决重大挑战，在项目导向的资助机制框架下，国际评审委员会将评估这些项目的学术质量和战略相关性。在各个中心之间是合作与竞争共存的关系。

这一新的运作模式致力于提供系统解决方案，相比之下，高校里的那种小科研团队比较独立，和外部合作较少，尽管优秀但也很难提出系统解决方案。以航空航天为例，若干个中心凭借各自的专业知识可以共同解决许多重要的问题，如在太空执行机器人任务过程中机器人关节和控制算法的研发。

从大科学装置转变为计划型科研：对大科学研究的传统理解是什么时候转换成新观念的呢？

瓦尔特·克罗尔：大科学研究的传统形象是大型科研装置和大型基础设施，这些也依然是亥姆霍兹联合会的重要特征，也是面向重大挑战提供系统性解决方案的必要工具。但对于我来说，亥姆霍兹联合会最重要的新发展在于把各个中心的科研力量、科研潜能及优秀的外部合作伙伴纳入计划项目之中，从而提高了科研工作的质量和相关性。

瓦尔特·克罗尔教授于 2001~2005 年任亥姆霍兹联合会改组注册后首任主席。他曾在波鸿大学、埃森大学、马尔堡大学担任理论物理学教授。克罗尔教授于 1972~1979 年担任埃森大学成立后的首位校长，1979~1987 年担任马尔堡大学校长。1987 年出任德国航空航天中心董事会主席。他曾获德国星级联邦大十字勋章和巴伐利亚勋章。

“对于我来说，亥姆霍兹联合会最重要的新发展在于能够将各个中心的科研力量、科研潜能和优秀的外部合作伙伴汇集到项目计划之中，从而提高了科研工作的质量和相关性。”

瓦尔特·克罗尔

原本视为“笨拙”的大科学研究转变为灵活的集群式的战队，政府有没有影响这一转变过程？

瓦尔特·克罗尔：政府明确支持这一转变。我个人觉得原因在于越来越多的人意识到亥姆霍兹联合会可以帮助实现德国的科研政治目标，并有效应对科学、经济、社会方面的重大挑战。这正是我们的使命所在，某种程度上来说我们有意接近政府，我们会去研究一些在政治上尤其是对联邦政府享有优先权的科学问题，拿出受国际同行认可的研究结果。亥姆霍兹联合会这么做是分析了自身实际情况并和政府进行多次对话后定下来的。我想亥姆霍兹联合会里的大部分成员都很清楚：我们必须做什么，亥姆霍兹联合会必须以一种令政府和公众认同的方式来展现自己的能力。

那时，如德国航天航空中心、德国癌症研究中心和德国电子同步加速器中心等几个中心的定位、任务比较明确，它们因此相对来说比较稳定和安全。但其他研究中心，特别是原来的核研究中心感觉自己的位置岌岌可危。即便如此大家还是明白，团结一致才能更加强大——不仅在科学界是这样，在面对政府时亦是如此。

变革的第一步是什么呢？

瓦尔特·克罗尔：第一步最重要的就是要给亥姆霍兹联合会确立一个明确的使命定位，并规划相应的发展战略。每个中心作为独立法人，都必须参与这一过程，不能由主席一人决定。整个讨论过程漫长而详尽，但最终大家达成了一致。另外一个重要举措就是启动所谓的倡议协作基金，该基金最初有2500万欧元的资金，后来资金量显著增长并成为亥姆霍兹联合会主席重要的管理工具。正如其名称所示，设立基金的主要目的就是给予激励。在这项基金的资助下可以在研究中心建立独立的青年研究人员小组和学生实验室、发起新的研究课题、资助诸如癌症的粒子疗法这类创新研究。通过“虚拟研究所”和亥姆霍兹联盟的方式，可以获得资助同外界的优秀研究团队（如高校里的团队）进行交流合作。

作为主席，您是不是必须做一些说服性的工作？

瓦尔特·克罗尔：是的，但是这不太难。在推行项目导向的资助机制的过程中，我们利用了德国航空航天中心的相关项目管理经验。因为借鉴了德宇航的经验，甚至有些人评论亥姆霍兹联合会被德宇航化了。

是因为您来自德宇航吗？

瓦尔特·克罗尔：是的，1987年我出任德宇航董事会主席的时候，那里的情况和亥姆霍兹挺像。德宇航在不同的地方设有20多个大型研究所，研究所之间相互独立，有时甚至还会互相竞争。德宇航新一届董事会在项目管控中建立了一种矩阵式项目管理方法。研究所将自己的知识储备和研究力量投入到共同的研究项目中去，这些项目的经费支出受国际专家组的监督评估，外界的优秀研究团队也可以参与到项目中来，特别是来自高校和国际航空航天研究机构的科研力量。这一举措提升了科研产出能力、国际知名度及德宇航在科学界、经济界和政界的声誉。除了亥姆霍兹联合会各研究中心的独立法人身份，其组织结构同德宇航是有很大可比性的，这是我呼吁引入计划项目导向的资助机制的重要原因。

各个研究中心在新的亥姆霍兹联合会中应将自己的知识储备和科研力量投入到国际化、科学可信的共同研究项目中去，为解决科研领域的重大挑战贡献力量。合作不仅仅在亥姆霍兹联合会内部，更应该同外部优秀的科研团队交流合作，特别是来自高校的科研力量。合作与竞争是最核心的关键词，虽然这两个词初看上去相互矛盾。在合作时，我们不希望同合作伙伴有竞争；在竞争时，合作一般也很少。在亥姆霍兹联合会我们为这两者之间建立了很好地平衡：申请共同项目的时候需要各方合作，但在项目执行的过程中的评估和经费资助都是需要竞争的。

这个新战略指向哪个方向？

瓦尔特·克罗尔：同时指向对内、对外两个方向。对外我们比如希望向政府证明，我们所追逐的科学目标其实和政府所关心的事情是一致的，即如何能让未来的能源供给更安全、更环保、更实惠？如何战胜癌症、心脑血管疾病这两大危害人民身体健康的疾病？我们如何应对越来越多的环境、气候问题？高校也是我们这个战略瞄准的重要外部力量，高校的许多优秀研究团队能对亥姆霍兹联合会的计划项目做出重要贡献。例如，此前提到过的，加强同高校的合作交流是设置倡议协作基金首要目标之一。亥姆霍兹联合会与高校的强强联手必将会成为提升德国科学体系整体能力的一个关键要素。

您希望亥姆霍兹联合会也能在全球化的世界占有一席之地吗？

瓦尔特·克罗尔：当然。亥姆霍兹联合会的定位一开始就是面向重大挑战，而必然就是全球性的挑战，为此我们必须国际领先。举例来说，我们启动的第一批项目中有个是开发综合的对地观测系统，在这一系统中汇集了不同中心的专业知识，德宇航的研究人员负责从天空、太空角度观测地球，阿尔弗雷德·魏格纳研究所从极地和海洋角度研究，地学研究中心从地质学角度入手观测。我们集合了不同方面的力量共同研发这个系统，用于识别早期变化、进行检测并给出恰当的应对策略。亥姆霍兹联合会为海啸早期预警系统的研发做了很大贡献，我认为这个例子证明我们联合各方研究力量合作攻关的战略方针是成功的。

您所计划的事情全都实现了吗？

瓦尔特·克罗尔：不，当然不可能全部。我很清楚，四年的时间不可能彻头彻尾改变一个由独立法人研究中心所组成的联合会。我能做的就是为未来的发展打下基础并提出一些新的倡议，我的许多提议在我的继任者那里得到了继续发展，并大大提升了亥姆霍兹联合会的国际形象。这其中包括项目导向的资助机制、亥姆霍兹联合会使命和战略的制定、对青年人的培养和同高校之间的交流合作等。您之前问到是否有说服性的工作。在最开始的那几年我甚至连落实参加项目导向的资助机制聘用的近200名国际评审专家都要去做说服工作，我要花好多天时间说服他们相信，对此前不了解的亥姆霍兹项目进行评估是有意义的。这样对亥姆霍兹联合会所有项目的评审我们已经完成了三次，众多知名国际评审专家对亥姆霍兹联合会的普遍正面评价极大提升了亥姆霍兹联合会在科学界的形象。

这些工作都很值得的吧？

瓦尔特·克罗尔：现在我作为局外人来看，亥姆霍兹联合会在很多方面都表现得很强大。20世纪90年代《法兰克福汇报》曾将大科学研究描述成一堆“腐朽的驳船”，不久前该报纸又把亥姆霍兹联合会夸为“科研机构中的佼佼者”。

于尔根·姆林内克教授于2005~2015年担任亥姆霍兹联合会主席。这位物理学家曾在苏黎世联邦理工学院和康斯坦茨大学从事教学科研工作。1996~2001年担任德国科学基金会副主席，2000~2005年担任柏林洪堡大学校长。他是戈特弗里德·威廉·莱布尼茨奖获得者，并于2010年荣获联邦德国一等十字勋章。

对话于尔根·姆林内克

德国亥姆霍兹联合会原主席，任职时间为2005~2015年

姆林内克先生，2005年您从洪堡大学调任为亥姆霍兹联合会主席，您认为高校和科研机构的区别在哪里？

于尔根·姆林内克：在亥姆霍兹联合会有更多发挥战略和决策的空间，执行力也比较强，在这里你完全可以相信好的建议总会被采纳，这在有不同特殊利益团体的大学里是无法实现的。亥姆霍兹联合会的选题范围也更大，这让我作为一名自然科学家也很感兴趣。除此之外，任务的规模也十分吸引我，因为我一直都是喜欢“大处着眼、大处着手”的人。我刚来亥姆霍兹联合会的时候我们的年度经费大约为25亿欧元，当年已经是很大的数目了，现在我们的年度经费预算为39亿欧元左右。亥姆霍兹联合会那时还没有特别出名，还没有形成品牌，我当时觉得这个科研机构拥有巨大的潜力，可以为德国成为科技大国和经济大国做出贡献。我在亥姆霍兹联合会看到很大的发挥空间，包括像资金规模，这都是在高校所不能想象的。当时国家正在施行财政紧缩政策来确保结构调整的实施，而在这样的背景下，当时第一个《研究与创新公约》却确保了非高校科研机构的未来五年财政预算，并承诺每年3%的增长幅度，这是高校所根本难以想象和做到的事情。然而我也清醒地意识到，来到亥姆霍兹联合会之后我真正来到了成年人的世界，现在我直接接触学生和年轻人的机会少多了。这一点我必须自己调整适应。

您怎么描述那时亥姆霍兹联合会的内部氛围？

于尔根·姆林内克：好奇、观望、有些怀疑，但也……充满期待、希望变好。最终所有成员一致选举我为主席。

希望变好？

于尔根·姆林内克：是的没错，期盼变好。亥姆霍兹联合会的未来发展方向是当时需要解决的重要问题。2001年科学委员会提议的亥姆霍兹改革提案经联邦政府批准，还未走远。第一轮的项目导向的资助机制虽然已经启动，但在联合会内部一直饱受争议。因此人们也愿意选择一位来自外部的科学家来担任主席一职，他可以从全新的视角来审视亥姆霍兹联合会。此外，亥姆霍兹联合会也意识到必须加强同高校的合作，这也是亥姆霍兹联合会改革的原因之一。因此我当时认为选择一位也同政府打过交道的高校校长当主席符合亥姆霍兹联合会研究中心的期待，对亥姆霍兹联合会也许是件非常好的事情。

亥姆霍兹联合会面临着哪些挑战？

于尔根·姆林内克：从一开始我就觉得亥姆霍兹联合会的使命定位是准确的，现在更是这么觉得。但很快我就意识到，我们必须更加强调我们工作中的科学部分，也就是说：从战略角度来看，我们的选题究竟是否正确？紧接着还要面对研究质量的问题：我们的研究不仅面向国内，更应该有国际可比性。我们的基础设施，是否能够保障我们的研究需要？最后还需要关注的是：我们的人才选用是否合适？从青年研究人员到顶尖研究人员，我们各级的人员储备是否充足？我们应如何应对“人才管理”这一议题也是成立亥姆霍兹学院的动因，来让管理更加专业化。

您非常看重实质性、内容性的问题，对吗？

于尔根·姆林内克：我想传达的信息是和亥姆霍兹联合会的使命定位相吻合的，同时这个定位对于亥姆霍兹联合会来说也一直是一个挑战：从国家的角度，通过开展科学战略研究，为解决社会发展中遇到的重大挑战做出贡献。在2005年就已经强调这属于前沿研究了。随之而来的就是组织结构上的问题：一方面是指亥姆霍兹联合会的总体组织结构，另一方面是指各个独立法人研究中心的组织结构。我们必须处理各方不同的利益关系，直到现在也是这样。目标就是集合各个研究中心现有的协同合作潜能，从国家利益和战略的角度实现有效充分的应用，增强同高校的合作也是重要的一环。

“现在我们掌握了很好的平衡，能够将亥姆霍兹联合会的作用发挥出来：一方面各个中心享有自主性，另一方面亥姆霍兹联合会整体的实力也得到了保持和加强。”

于尔根·姆林内克

在您的任期内，亥姆霍兹联合会的主要发展目标是什么？

于尔根·姆林内克：我的目标是，亥姆霍兹联合会作为科研机构，一方面应从长远角度出发致力于优秀的基础研究；另一方面也要投身于能源、健康等关乎国家利益的研究领域中去，其应具有跨学科性、系统性，有足够的人才储备和独特的科研基础设施。听起来可能有点远大，但我认为亥姆霍兹联合会有责任为德国未来的高水平人才提供高质量的工作岗位，我的孩子会认为：“这是一个我能在此生活，也愿在此生活的国家。”

亥姆霍兹联合会的发展体现在哪些方面？

于尔根·姆林内克：亥姆霍兹联合会已成为德国科学体系内公认的、实力强大的、活跃度高的科研机构。我们的国际影响力也显著增强了。项目导向的科研资助模式确保了我们所有项目都经过严格评审，亥姆霍兹联合会内部合作不断加强，和许多高校等其他外部科研团队建立了新的战略合作伙伴关系。联邦层面发起的“卓越计划”对我们帮助很大：高校和非高校科研机构之间的紧密合作有一个很好的例子，就是卡尔斯鲁厄理工学院和于利希 - 亚琛研究联盟之间的合作。

从联合会层面来看，倡议协作基金为推进多种形式的新合作起了很大作用，倡议协作基金的金额占亥姆霍兹联合会基础经费预算的 3%。在 5 年的项目执行期内，倡议协作基金可以为研究人员提供更多的可能性，通过和高校的交流可以在亥姆霍兹联合会内部设立新的研究主题。根据科研的需要，可以重点支持新生代科研团队、博士生培养、男女平等、国际研究联盟等领域。

在您任职期间，亥姆霍兹联合会的角色是怎样的？

于尔根·姆林内克：作为科研机构，我们履行了自己的诺言。在能源、医学健康、地球与环境、航空航天与交通、物质结构、关键技术这六大领域，我们证明了自己能够在国家范围内确立研究项目并推动其执行。所有在亥姆霍兹联合会工作的人都肩负着我们的使命！加入亥姆霍兹联合会，意味着一方面可享有工作的可规划性和延续性，另一方面也面临着挑战，要用自己的智慧为社会未来发展的核心领域出谋划策。

我个人的贡献有什么？简单来讲，我呼吁、推动了顶级科学研究的发展。我刚来亥姆霍兹联合会的那几年想要对亥姆霍兹联合会内部有所影响，我访问了所有研究中心，和许多人交谈，当然也做了一个忠实的听众：博士生的满意度如何？青年科研人员的情况怎么样？那些顶尖的科学家对于接手管理工作是怎么看的？各个研究中心对亥姆霍兹联合会持怎样的态度？它们是否认同，只有亥姆霍兹联合会整体强大了，那么各个中心才能越来越好？我鼓励大家要在公众面前树立亥姆霍兹联合会的良好形象，增强影响力，我自己也是这样做的。这样一来我们的声誉会提高，政府也会意识到，亥姆霍兹联合会是有影响力、有作用的。亥姆霍兹联合会的新地位并不是一夜之间获得的，而是通过许多人的努力逐渐形成的，在这里我要特别向亥姆霍兹联合会研究中心的董事会主任表示感谢，没有他们的支持就没有联合会的今天。

在您任主席期间，亥姆霍兹联合会两次摘得了诺贝尔奖……

于尔根·姆林内克：这对我们也很有帮助，因为当时一直有人觉得项目导向会很大程度上限制研究人员的选题范围。然而当亥姆霍兹联合会的科学家先后两次在不同领域获得诺贝尔奖之后，不仅仅吸引了公众的注意力，诺贝尔奖的获得更让大家相信，在有战略项目导向的环境下，仍然可以做出优秀的基础研究。

您任职期间亥姆霍兹联合会的规模增大了，这在您的计划之内吗？

于尔根·姆林内克：不是的，亥姆霍兹联合会的扩大来自多方原因。最早的扩增是位于阿德勒斯霍夫的柏林同步辐射电子储存环研究所（BESSY）申请加入亥姆霍兹联合会，该研究所原属于莱布尼茨联合会。但 BESSY 作为一个独立科研院所的规模太小，因此就有了和当时的哈恩 - 迈特纳研究所合并组成亥姆霍兹柏林材料及能源中心的决定。当时已经可以预见，材料学研究会越来越重要，将质子、中子研究结合进来是个不错的主意。德国神经退行性疾病中心（DZNE）是第二个新增的中心，成立 DZNE 是缘起于联邦教育与研究部（BMBF）的倡议，或者更准确地说是当时的部长安妮特·沙万的决定。起因是一次政府内阁会议的决定，认为德国需要在阿尔兹海默症和帕金森症领域加大投入。联邦教育与研究部把成立一个新中心的任务委托给了我们。我们干了这件事，从项目评审的结果来看，我认为事情做得很成功。被证明成功的还有 DZNE 的新的结构模式，除开总部基地之外，中心还在多个高校园区设立分支机构并提供事业性运行经费。DZNE 也因此而成为其他德国健康研究中心的示范样板。第三个新增是罗森多夫研究中心，罗森多夫研究中心和 BESSY 一样，之前隶属于莱布尼茨联合会。出于科学和结构上的原因，科学委员会明确推荐罗森多夫中心更换门庭转入亥姆霍兹联合会。整个交接过程做得十分专业，我们很高兴地看到，因为有了德累斯顿罗森多夫研究中心，在德国科研重地德累斯顿也有了亥姆霍兹联合会的身影。第四个新加入亥姆霍兹联合会的科研机构是位于基尔的德国海洋研究中心，之前同样属于莱布尼茨联合会。因为拥有船舶和深海机器人等大型研究设施，亥姆霍兹基尔海洋研究中心非常对口亥姆霍兹联合会的特征，并且符合地球与环境这个研究领域。最后，说到亥姆霍兹联合会的扩大还要提提卡尔斯鲁厄理工学院，它是原来的卡尔斯鲁厄研究中心和卡尔斯鲁厄大学合并的产物。

有哪些重要因素促使亥姆霍兹联合会现在成为最大的科研机构呢？

于尔根·姆林内克：大家相信像德国这样的国家确实需要亥姆霍兹联合会形式的这么一个机构。我一直在说，假如没有亥姆霍兹联合会，那么也必须建立这样一个机构。我们始终追寻立足于国家利益的长远研究目标，我们强调跨学科合作，做系统性的投入，通过不仅国内甚至国际绝无仅有的大型基础设施和大装置获得有社会影响力的科研成果——这也就是我一直强调的“大处着眼、大处着手”。一台粒子加速器一旦建成，就会运行 20~30 年，这样的装置经常是一个研究中心的标志。重要的是，一方面我们需要科研的连续性，这也是政府对我们的期望；另一方面也需要与时俱进、动态地引入新的学术专题，并要求超过一定的体量规模。如果我们启动一个新领域的科学研究，那我们就要求相比之前的研究确实能有重要的新发现，而且成为国际上领先的团队。为此我们需要明确的规划和清晰的视角，从而实现目标和巩固研究成果。同样重要的还包括配套的程序和相应资源。我认为，未来几年继续这么发展是亥姆霍兹联合会的重要使命。政府已经批准将把《研究与创新公约》延续到 2020 年，我认为这是对我们工作的充分肯定。

您设定的全部目标都顺利实现了吗？

于尔根·姆林内克：我刚来到亥姆霍兹联合会时，对于最后应该是怎么样并不清楚。根据选题、组织结构和资金等当下条件去考虑存在哪些可能性，我对现在所取得的成果很满意。现在我们取得了可以发挥亥姆霍兹联合会优势的体系内的平衡：一方面各个中心享有自主性，另一方面亥姆霍兹联合会整体的实力也得到了保持和加强。

您认为亥姆霍兹联合会的主席所应备的最重要的品质是什么？

于尔根·姆林内克：他必须目标明确，而且能够带领大家共同向前。

亥姆霍兹联合会介绍

癌症发生是由哪些基因引起的？未来城市中的人们将运用怎样的交通方式？如何优化太阳能电池的材料？亥姆霍兹联合会所属 18 个研究中心的科学家致力于解决诸多此类问题。他们的科研任务就是解决人类在科学、社会、经济领域所面对的重大问题。亥姆霍兹联合会有 4 万名雇员的工作聚焦于影响人类和人类生存环境的复杂系统，他们的科研工作是要保障社稷民生的长期可持续发展并为有竞争力的产业经济提供技术支持。除了优秀的科研人员之外，研究中心还拥有以现代科研管理方式统筹的顶尖科研设施。

亥姆霍兹联合会是德国最大的科研机构，其年度经费预算高达 45 亿欧元。超过 2/3 的经费属于科研机构的基础费用，直接由联邦政府和州政府依照协议按 9 ∶ 1 的比例提供。其余约 1/3 的经费则由各个研究中心以横向经费的形式通过竞争获得。

亥姆霍兹联合会的使命

我们在能源、地球与环境、医学健康、航空航天与交通、物质结构、关键技术这六大领域，致力于开展有战略规划的尖端科研和解决社会、科学与经济界所面临的重大挑战。

我们同国内、国际的科研伙伴一起，借助大型设备和科研设施研究高度复杂的系统。

我们把科研和有创新及应用前景的技术相结合，为人类的未来发展做贡献。

项目导向的科研活动

亥姆霍兹联合会的科研实力集中在能源、地球与环境、医学健康、航空航天与交通、物质结构和关键技术六大领域。各个研究中心的科学家把自己的研究项目归纳到某个研究领域的某个专题之中——每个研究项目都有跨学科、跨单位的合作，同时也要相互竞争科研经费。周期性评估的结果决定某个计划项目的经费盘面。评估任务全部由国际化的独立的专家完成，他们的评估意见决定了联邦政府和州政府在每个计划项目上投入多少资金。这样就保证了利用亥姆霍兹联合会先进科研设施所获得的科研成果是在国际平台上进行测评。亥姆霍兹联合会的独特之处在于，它不仅仅为单个问题提供答案，亥姆霍兹联合会科学家致力于解决对科学、社会、经济有重要意义的复杂系统问题，能为社会和经济贡献价值。各个成员中心承担的是作为科技大国的德国国家实验室的任务，是在关键战略领域从事有明确目标的科学研究。

通过合作伙伴共建未来

在过去这些年里，亥姆霍兹联合会一直加强同战略科研伙伴之间的交往，特别是建立了同众多高校的合作关系。亥姆霍兹联合会为此构建了新的组织、管理和合作模式。在协作框架下，建立了由联邦政府提供资助的，如像卡尔斯鲁厄理工学院及按照德国神经退行性疾病中心模式出现的提供事业费支持的分散式科研机构。其他的合作形式还包括 7 个新的亥姆霍兹研究所（译者注：此为 2014 年数据），这些研究所都开办在一个高校内，从而在某些双边选定的重要领域保证了持续性合作。这些新的研究所体现了亥姆霍兹研究中心和高校之间的战略合作关系，并发展成跨区域的重点科研合作平台。

亥姆霍兹联合会的倡议协作基金是资助合作的核心手段，该基金可帮助实现亥姆霍兹联合会的战略目标，并履行自己在《研究和创新公约》框架下的责任。如果在研究或组织结构方面有急需快速解决的问题，那么倡议协作基金就可以灵活应对并给予支持。同《研究和创新公约》的任务目标相一致，倡议协作基金的分配是以竞争为基本原则。每年可分配的年度基金总额由 2003 年的 2000 万欧元增长到 2014 年的 8070 万欧元，倡议协作基金的影响力相当显著。

其他的重要基金资助项目除了旨在开辟未来科研题材的亥姆霍兹联盟，还有促进科研体系之间协作的亥姆霍兹“虚拟研究所”及面向不同层次的青年科研人员的项目。基金定位于为卓越研究创造平台条件，在合适的时机推动前瞻性研究向前发展，这也是吸引并留住顶尖科学家的有效方法。

大科研的特色

为了解决应对重大科研课题经常必须投入大型、复杂的科研设施。亥姆霍兹联合会是德国承担国家使命，建设、运行、改进这些科研设施并研发新的设施的唯一的科研机构。良好的科研设施有助于开拓新的研究领域、促成重要科学进步。通过深入了解自然，尤其是开发有用的新材料、有效的诊疗方法和新技术，亥姆霍兹联合会促成了技术的飞跃式发展。亥姆霍兹联合会的顶尖的科研设施为科研活动提供了良好基础：这些设施可供来自国内、国际的高校或科研机构的科研团队使用，是凝聚大规模国际合作和协作网络的重要工具。亥姆霍兹联合会的科研设施使德国变成更有吸引力的科研大国。建设和改进这些科研设施为年轻科研人员提供了接收全面、优质的训练机会，不仅仅是从事开创性科研活动，还与国际科研伙伴合作处理高难度管理任务，以及与高新技术企业建立紧密联系的机会，这些高新企业经常需要科学家一同研发新技术。

在以上这些过程中，亥姆霍兹这个名称代表着可持续的研究，协作是其中碰撞出思想火花和采取行动的前提，通过协作才能保证亥姆霍兹联合会具有创造未来的能力。

亥姆霍兹联合会所属研究中心、机构所在地和亥姆霍兹研究所

阿尔弗里德·魏格纳研究所暨亥姆霍兹极地与海洋研究中心
总部：不来梅港。其他所在地：波茨坦、黑尔戈兰岛、李斯特/叙尔特岛。研究领域：地球与环境

德国电子同步加速器中心(DESY)
总部：汉堡。其他所在地：措伊滕。研究领域：物质结构

德国癌症研究中心
所在地：海德堡。研究领域：生命科学

德国航空航天中心
总部：科隆。其他所在地：奥格斯堡、柏林、波恩、布伦瑞克、不来梅、哥廷根、汉堡、于利希、拉博豪森、诺伊施特里茨、奥博普法芬霍芬、施塔德、斯图加特、特劳恩、威尔海姆。研究领域：能源、航空航天与交通

德国神经退行疾病研究中心（DZNE）
总部：波恩。其他所在地：柏林、德累斯顿、哥廷根、马格德堡、慕尼黑、罗斯托克/格莱夫瓦尔德、图宾根、维滕。研究领域：生命科学

于利希研究中心
总部：于利希。其他所在地：亚琛、柏林、杜塞尔多夫、加兴、罗斯托克、格勒诺布尔（法国）、橡树岭（美国）。研究领域：能源、地球与环境、关键技术、物质结构
亥姆霍兹明斯特研究所；亥姆霍兹埃尔朗根-纽伦堡研究所（同亥姆霍兹柏林材料与能源研究中心共建）

GEOMAR亥姆霍兹基尔海洋研究中心
所在地：基尔。研究领域：地球与环境

GSI亥姆霍兹重离子研究中心
所在地：达姆施塔特。研究领域：生命科学、物质结构
亥姆霍兹耶拿研究所；亥姆霍兹美因茨研究所

亥姆霍兹柏林材料与能源研究中心
所在地：万湖、阿德勒斯霍夫。研究领域：能源、物质结构
亥姆霍兹埃尔朗根-纽伦堡研究所（同于利希研究中心共建）

研究领域-能源

研究领域-地球与环境

研究领域-医学健康

研究领域-航空航天与交通

研究领域-物质结构

研究领域-关键技术

亥姆霍兹德累斯顿罗森多夫研究中心
总部所在地：德累斯顿。分部所在地：莱比锡、格勒诺贝尔（法国）。研究领域：能源、生命科学、物质结构
亥姆霍兹弗莱堡资源技术研究所

亥姆霍兹感染研究中心
所在地：布伦瑞克。研究领域：生命科学
亥姆霍兹萨尔州药物研究所

亥姆霍兹环境研究中心(UFZ)
总部所在地：莱比锡。其他所在地：哈勒、马格德堡。研究领域：能源、地球与环境、生命科学

亥姆霍兹吉斯达赫特材料与海岸研究中心
总部所在地：吉斯达赫特。其他所在地：泰尔托。研究领域：地球与环境、物质结构、关键技术

亥姆霍兹慕尼黑-德国环境健康研究中心
所在地：慕尼黑。研究领域：生命科学、地球与环境

亥姆霍兹波茨坦-德国地学研究中心(GFZ)
所在地：波茨坦。研究领域：能源、地球与环境

卡尔斯鲁厄理工学院
总部所在地：卡尔斯鲁厄。分部所在地：卡尔斯鲁厄北区校园、卡尔斯鲁厄南区校园、加尔米施-帕滕基兴分部。研究领域：能源、地球与环境、关键技术、物质结构
亥姆霍兹乌尔姆电化学储能研究所

马克斯·德尔布吕克分子医学研究中心(MDC)柏林布赫
所在地：柏林布赫。研究领域：生命科学

马克斯·普朗克等离子体物理研究所（联合成员）
总部：慕尼黑加兴。分部所在地：格莱夫斯瓦尔德。
研究领域：能源

中心总部

中心分部所在地

亥姆霍兹研究所

亥姆霍兹联合会的六大科研领域从设立之初就是瞄准着社会的重大和紧要问题，旨在为未来找到解决方案。从 2002 年开始，国际专家和第三方专家每五年对亥姆霍兹联合会的项目进行评审，评审结果直接影响计划研究项目的经费。这一全面、深入的项目评审程序和项目导向的科研资助模式保障了战略研究项目的选题和科研的质量。在计划项目之外还补充有其他资助方式：为找准科研目标并解决科研问题，还与高校及其他合作伙伴形成了超越中心范围的学术联盟结构。

六大科研领域概览

能源

亥姆霍兹联合会研究人员在能源领域的科研活动旨在保障可被经济、环境和社会所担负的未来能源供应。他们研究能源的转换、分配、使用和存储技术，同时考虑这些技术对气候和环境造成的后果。其目标是用可再生能源替代化石燃料和核燃料，推进可持续性能源系统的建立，支持德国能源转型。亥姆霍兹联合会还开展核聚变研究，并长期定格这个新能源领域的研究。在核安全和核废料最终安全存放的研究方面，亥姆霍兹联合会也具有一流的知识。

地球与环境

在地球与环境领域，亥姆霍兹联合会的研究人员正在开展对地球系统基本功能及自然与社会之间相互作用的研究，其重点是开发地球长期观测系统，提高预测预报能力，同时尽快向社会提供结果。在此基础上，研究人员提出关于气候变化对地区影响、如何在不破坏生存基础的前提下可持续地利用地球资源方面的行动建议。在建设和运行诸如科研船只、深海水下机器人、破冰船、卫星、研究飞机、极地观测站、长期观测系统等基础设施等方面联合会发挥着重要作用。

医学健康

在健康领域，亥姆霍兹联合会研究人员研究重大常见疾病的起因和发展，旨在开发预防、诊断、早期发现、个性化治疗的新方法。亥姆霍兹研究中心与高校医学中心、其他研究机构和企业联合开发用于研究复杂、通常也是长年慢性疾病所需的跨学科方法，目的是让研究成果更快地应用于临床。

航空航天与交通

本领域的研究课题涉及交通工具、信息通信、资源管理、环境、安全等社会重要挑战。以全链条的方式观察整个航运系统，研究开发一套现代交通系统，以人和货物为着眼点进行应用研究。在航天研究领域，我们的任务是要为新的航天计划奠定技术储备，其中重点包括对地观测、空间探索、航空航天技术和机器人。

物质结构

亥姆霍兹联合会的研究人员研究物质的构成及它们之间的作用力，从基本粒子、复杂功能物质、到宇宙的系统和结构。这些研究为更好地理解宇宙及设计定制材料和有效物质成分提供了知识基础。研究人员为此将开发并运行大型仪器设备和科研基础设施，并向全球用户开放。

关键技术

在关键技术领域，研究人员研究并开发具有广泛应用领域及对社会可持续发展有重要意义的关键技术，研究重点为材料和纳米科学、信息和通信技术、生命科学。跨学科的架构在这里为发展医学和生命科学领域的未来技术奠定了基础。亥姆霍兹研究中心是当仁不让的德国创新的引领者和高技术战略前沿领域的开发者。

电站运行商希望了解集热管如何有效吸收太阳能并将它传递。位于科隆的德国航空航天中心内的QUARZ测试与认证中心的研究人员在开发一套标准化检测方法
图片来源：德宇航（CC-BY 3.0）

研究领域

能源

借助能源迈入未来

充足、安全、可支付、环境可承担的能源供应是人类发展的前提。两大挑战悬在人类头上已经很长时间：一是化石能源的有限性；二是那些一直尚未解决的问题。例如，如何消除燃烧废物和安全处置核裂变残余物。这两个挑战导致能源成本的攀升，并迫使人类寻找新的解决方案。

亥姆霍兹联合会能源研究的重点是战略性长期课题。大多数从事能源研究的亥姆霍兹研究中心致力于开发创新能源技术，并尽可能降低成本和对环境的影响。高效的能源系统是他们追求的一个重要目标。亥姆霍兹联合会的能源研究在很大程度上得益于亥姆霍兹联合会在其他研究领域，特别是材料、生物和信息技术领域的发展。

为了评价社会引进新能源系统的适应性并减轻负面效应，能源研究不断向基础研究、气候与环境研究、特别是社会科学提出新的问题。能源研究全面、综合的特性使其成为亥姆霍兹联合会大科学中心的核心科研板块。在过去 20 年这些大科学中心也发展成为国内国外高校和其他科研机构的重要合作伙伴。

碟式斯特林太阳能热发电装置：抛物面镜将太阳辐射集中在一个焦点。热能通过斯特林发动机转化为机械能，并通过发电机将其转化为电能
图片来源：德宇航/Ernsting

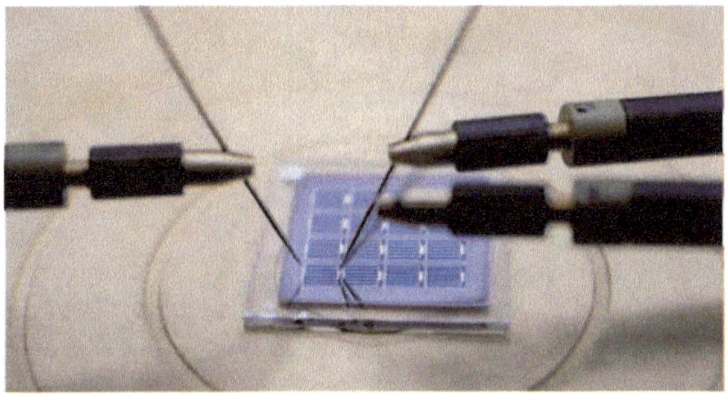

从薄膜中产生电流——非晶硅薄膜太阳能电池
图片来源：HZB/B. Schurian

在bioliq®中试现场，废弃生物质，如秸秆或木材废料被转化为环保且与发动机兼容的合成燃料
图片来源：KIT

上述挑战在德国比以往更为现实：实现能源转型是科技界、政治界、经济界和社会所面临的百年大计。到2050年，德国一次能源消耗量理应降到2008年的一半；可再生能源应占总能源消耗的60%以及总耗电量的80%。实现这一宏伟目标唯有对能源系统进行根本性改造。为此需要各种关于一级能源利用、并网用电、转化、存储、分配、应用等方面的新技术，并且尤其是在像水泥业这类能源密集型行业里，要沿着整个产业链条，显著提高能源效率。

亥姆霍兹联合会大力支持德国能源转型，并通过其自身的科学知识及与其他科研机构的卓越合作来推进目标的实现。在亥姆霍兹联合会的能源研究领域共设有7个研究计划，分别是：能源效率、能源材料与资源；可再生能源；储存和能源互联基础设施；关于新概念、新思路和能源效率的未来信息技术；技术、创新与社会；核废料处理；核安全和核辐射；核聚变。这些计划从不同方面对可持续能源系统的实现提供解决方案。

宽广的研究领域——从可再生能源到核聚变

能源是现代社会的基础，许多重要领域，从工业到信息与通信技术都需要依赖能源，因此，公众意见和社会舆论历来对能源政策产生很强的影响，能源供给的安全问题也一直是能源政策中一个重要角色。在德意志联邦共和国成立之时，很多人寄希望于核能。20世纪70年代的石油危机改变了人们对能源的看法。切尔诺贝利核事故导致80年代中期的能源讨论出现转折点。尽管社会舆论的转变会带来能源研究重点的改变，但千变万化，政策的变化并没有影响到多元化能源研究的现实。

位于德国Garching等离子体物理研究所的核聚变研究设备ASDEX Upgrade的等离子腔。球形照相镜头拍摄的照片完整显示了设备内部的环形空间
图片来源：Volker Steger

亥姆霍兹联合会的研究人员除了研究可再生能源，也若无其事地继续研究核能，就好像社会民众还没有对核能产生恐惧心理一样。如今，研究人员利用全面的核能知识用于研究核电站的拆除和放射性废物的清理。

另外是能源储存。由于可再生能源经常是受环境影响波动变化很大的电站，能源储存的话题再次成为人们关注的焦点。研究人员在 20 世纪 80 年代对该问题进行了深入研究，锂离子电池技术一度满足了当时的需求。如今该技术已经到达极限，研究人员正在寻找新的未来能源储存的方法，比如说通过进一步发展电动汽车和结合车辆电池的充放电以期平衡电网。为此，亥姆霍兹联合会设在乌尔姆和明斯特的研究所与当地高校伙伴共同开发着眼未来电动汽车的、下一代以及下下一代电化学储能装置和动力电池技术。

大科学的特征

亥姆霍兹联合会不但面向应用研究，也从事基础研究。能源领域的研究工作通常历时数十年，科研人员常常需要借助各种大型科研装备和基础设施，从位于大舍内贝克（Groß Schönebeck）的地热能源实验室，到位于卡尔斯鲁厄从废弃生物质中生产燃料的 bioliq® 中试车间，再到位于加兴（Garching）和格赖夫斯瓦尔德（Greifswal）研究核聚变的实验设施。尤其是核聚变相关的科研将会是非常长期的任务。这些工作旨在追逐一个相对长远的人类梦想，能在未来一劳永逸地建成可以安全供电供热的核聚变电站。

冰岛是全球地热最活跃的地区之一：位于冰岛西南的Hellisheiði地热田的HE-53地热钻井正在试运行中
图片来源：GFZ/T. Reinsch

在藻类科学中心，于利希研究中心的研究人员研究生产藻类和将藻类转化为生物煤油的最佳条件，并比较不同生物反应器系统
图片来源：于利希研究中心

正是这些需要依靠昂贵科研基础设施的研究工作，对国际合作有更强烈的需求。在新能源技术项目，如可再生能源、电池、核聚变研究中，亥姆霍兹联合会的研究人员不仅与亥姆霍兹联合会其他研究中心和研究所的同事，而且还与世界各地其他机构的研究人员共同合作。在过去 20 年里启动了大量国际能源联合研究项目，一个案例是 KIC InnoEnergy。该组织由欧洲 35 个来自欧洲的企业、高校、科研机构和商学院的合作伙伴共同组成，旨在欧洲建立可持续能源系统，更快地将新技术推向市场，加强欧洲在全球竞争中的地位。另一个案例是亥姆霍兹联合会能源领域的研究人员积极参与位于法国卡达拉舍的国际热核聚变实验堆（International Thermonuclear Experimental Reactor，ITER）的规划和建造工作。

并网的能源

目前德国能源系统正经历着根本性变革：早在几年前，德国仅有少数几个拥有大型发电站的企业为全国供电。如今，电网已经发展成将数以千计分布式供电装置互联在一起的网络。越来越多的家庭拥有自己的太阳能设备，全国各地都有来自生物质发电和风力发电获得的电力。以前是供给侧的单向供电电网，大型电站为消费者供电。如今，双向供电不仅向科研人员，也向传统电力供应商提出了新任务：发电站必须能弥补太阳能发电和风力发电的低谷阶段，确保供电的稳定性和安全性。必须研究这样的新系统，提高能源效率和传统电站的灵活性，将智能能源储蓄系统集成到网络中。挑战在于，将所有能源安全可靠地连接到现有能源系统中。为此，5 个亥姆霍兹联合会研究中心的研究人员携手在新启动的“储存和交联基础设施”的计划项目中研究跨系统的创新技术。

能源与气候研究所的卤素灯炉：每盏灯都可以独立控制，以便剧烈并快速地调节温度，从而有效模拟电站内燃机内部的热转化过程
图片来源：于利希研究中心

在TOPFLOW压力罐试验设备中研究在模拟现实条件下由气体和液体混合在一起的物质流体性能
图片来源：HZDR/O. Killig

技术与社会的交叉界面

除了技术方面，亥姆霍兹联合会的研究人员愈加重视能源系统与经济和社会的关联。“技术、创新与社会”研究计划体现了这一重要课题。该计划采用跨学科的研究方法，将经济学家和社会学家纳入能源研究中，研究技术、政策、经济、社会等方面如何共同产生作用，以及在变化过程中公众是如何被纳入其中的。民众对于新科技的极度不安，体现在对于像液压破碎法、高压输电线路、核废料存放地选址等问题的社会争论上。亥姆霍兹联合会的专家参加德国的电台讨论和公民集会，讲解机遇和风险，用自己的专业知识支持社会决策。福岛核事故引发了对德国能源政策的重新思考，亥姆霍兹联合会的研究人员在公开讨论中提供了可靠的科学知识和信息。在事故发生的最初几天，亥姆霍兹联合会的研究人员在数百个采访中评估了可能发生的危险和后果。他们利用数十年研究所掌握的知识，将讨论引到了实质层面。这显示了亥姆霍兹联合会能源研究的重要性不仅体现在学术界，同时也体现在社会中。

能源科研领域概览

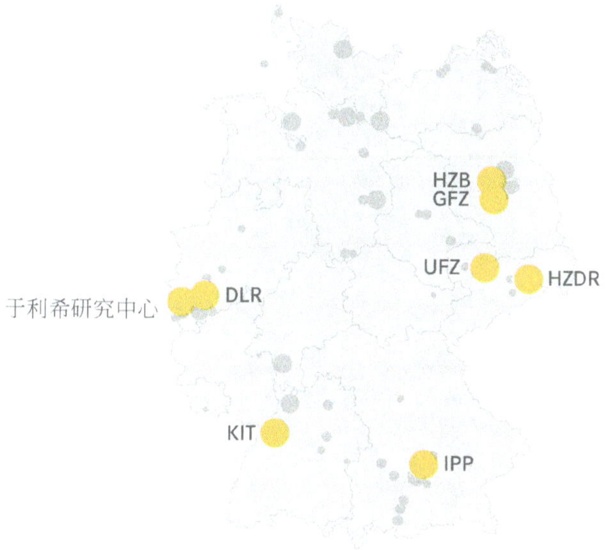

在能源研究领域有8个亥姆霍兹研究中心，包括：德国航空航天中心（DLR）、卡尔斯鲁厄理工学院（KIT）、于利希研究中心、亥姆霍兹柏林材料与能源研究中心（HZB）、亥姆霍兹德累斯顿罗森多夫研究中心（HZDR）、亥姆霍兹波茨坦研究中心暨德国地学研究中心（GFZ）、马克斯·普朗克等离子体物理研究所（IPP）、亥姆霍兹环境研究中心（UFZ）。

科研活动共分7个计划专题：能源效率、材料与资源，可再生能源，储能设备和能源联网基础设施，未来信息技术（包括基础研究、新理念和能源效率），技术、创新与社会，核废料清理、核安全及核辐射研究，核聚变。研究人员在这些计划专题领域开展跨学科和国际化的合作。

照片里是欧洲海洋酸化项目EPOCA（European Project on Ocean Acidification）所安装的9个生物群落模拟实验仓之一。人们在这个装置中研究微型和微微型浮游植物为应对二氧化碳含量升高的环境所发生的变化。这项长期研究属于欧洲海洋酸化研究课题EPOCA
图片来源：Yves GLADU

研究领域

地球与环境

研究地球系统

早期的社会性争论往往集中在土地利用、森林减少、空气污染及水和森林的化学污染等问题。科学界随后开始更多地关注人为因素对生态的影响，最后形成了一个极其复杂的多学科互相合作的局面，人们既研究人类的生活环境，也研究形成这些生活环境，并且还在继续改变这些环境的过程。在地球与环境领域共有 8 家亥姆霍兹联合会的研究中心着力研究地球系统，基于科学原则研究气候变迁、生态系统的变化、可持续的资源利用及自然灾害防护。在过去的几十年里，基本问题没有太多变化，但研究重点及方法发生了改变。

系统性研究的变迁

对地球和环境的研究如今已打上系统性研究的标志。海洋、极地地区、陆地表面、地球深层和地球大气层，仍然是人们在研究地球系统时所做的领域划分。但是，如今具体的科研内容与 10 年前相比有很大不同。在研究地球和环境的早期阶段，科学家大多是研究个别问题，而如今人们更加关注的是全面的联系。例如，在研究细菌对碳循环的影响时，以前人们很大程度上只考虑微生物学，现在这项研究被看成是更大的全球碳循环问题的组成部分。科学家会关注海洋和大气的相互影响——海洋生物学、海洋酸化及大气中的过程相互之间有什么关联？需要把地球系统看作整体，所有的科研活动都是在这个框架之下——再不仅限于某个具体问题。这种新角度使我们能从以前所未曾有的精度洞察地球系统的动态过程，也因此要求科学家采取新的研究方法，并为此投入新的创新性的技术。

在地球与环境领域，来自大气、地质、环境、海洋、海岸、极地等不同专业背景的研究人员共同开展研究项目，已成为普遍现象。这种研究方法也带来有全球影响力的创新效应。例如，CHAMP 卫星家族，通过这套成功及有创新的卫星和基于卫星的测量手段，人们不仅首次全面精确地测量到格陵兰或南极洲西部冰雪量的改变，同时也可以测量陆地土壤含水量。

易北河的萨勒河口（萨克森-安哈尔特州）。由于对人类和环境的极端重要性，河流及其流域一向是环境研究的主要对象
图片来源：UFZ/A. Künzelmann

由不同领域的专业人员紧密合作开展的创新型基础研究有助于对自然灾害的预防和预警，有关这一点，可以在2002年德国易北河洪水、2004年印度尼西亚海啸及2010年智利地震等事件中体现出来。虽然人们仍然不能预报地震，但是通过创新的风险评估方法和地震传感技术可以改善此类灾害的预警，并保护人类的生命。在发生2004年印度尼西亚海啸之后，亥姆霍兹联合会的卫星专家、地质学家及海洋科研人员在最短时间内开发了一套能够及时发现灾害性海啸的系统。一种新的能够快速精确确定强震烈度的方法外加实时的GPS数据可以评估分析地震结果，并发出海啸警报，这是一项海啸预警方面的世界性突破。

全球气候变迁及其区域性的影响是TERENO（Terrestrial Environmental Observatries，陆地环境观测站点）倡议的研究重点。用作综合性地面环境监测的4个观测站点都设在德国有代表性的地区。

在这些站点，亥姆霍兹研究人员携手高校内外的伙伴一起合作研究由于土地利用的改变、社会经济发展和人类干预等因素对陆地生态系统造成的长期影响。海岸观测站COSYNA被称为“海洋吊坠”，这是一个由不同观测平台组成的用于及时探测波罗的海环境状况监测网络。

环境领域的科学家跨学科研究主题十分宽泛，研究包括了环境导致的疾病和为化工行业生产环境友好的材料，以及气候变化对用户的影响评估，以及到底有多大的技术可能性，把温室气体二氧化碳转化成海底石块或者储存在海洋地层下面。以上这些问题只能通过不同的方法、不同的思维角度和多学科的相互碰撞来解决。

AWI研究人员正在研究威德尔海（Weddelmeer）海冰——2013年，北极星号破冰船在南极越冬
图片来源：AWI/M. Hoppmann

北极星号破冰船正前往位于南极的诺伊迈尔三号站，用于科研和补充给养的北极星号破冰船是一座漂浮的大型实验室，是德国进行极地研究的重要工具
图片来源：AWI/F. Mehrtens

科学家借助JAGO号科研潜水艇研究全球海洋的海下自然环境和生物群落
图片来源：GEOMAR/JAGO团队

全面的数据管理

测量技术和数据处理技术的飞速发展对研究领域产生了巨大影响。如果说过去的问题在于可靠的数据非常稀有，那么现有的问题是可调用数据从形式和数量都日益庞大。对于科学家来说，这可不只意味着他们科研方法的数量改善，这些数据和它们的内涵开启了新的重要命题的大门。数据的质量和数量对建模有直接的影响，精确的测量和监控是建模和模型评价的基础。例如，在研究极地冰层厚度变化时，由于高性能的计算机能够将大量数据整合到模型中去，现在可以得到越来越可靠的结果。

在过去的几年中，数据收集也发生了质的飞跃，这主要归因于愈加发达的传感技术。例如，亥姆霍兹联合会的科学家参与设计的卫星可以实现完整无遗漏的对地观测，可用来测量海平面的变化或监控地震带中地质板块的移动。举例来说，卫星测量还能对地球表面进行频谱分析，并由此确定湖泊或海洋中的藻类含量及森林地区的林木组成成分和比例变化。

由于受测量技术的限制，几年前人类还不能深入研究海洋。如今，海洋和地球表面都可以被清晰地观察到。新的技术对科学工作的方式、课题和精确度产生了巨大影响，尤其是实现了多学科的融合。例如，生物学家能从遥感数据中获得有关土壤湿度或生物质的信息，从而获得环境科学领域的知识。

环境的再思考

频繁发生的灾难会直接影响到地球和环境领域的科研选题——在 2002 年德国易北河洪水、2004 年印度尼西亚的海啸或是 2010 年石油钻探平台“深水地平线”的爆炸事件之前就已然如此。这些灾难使我们意识到环境研究的社会价值，因为它能为最紧迫的问题提供答案。例如，有害物质是如何扩散的，它们将危害环境多长时间， 如何减轻这些影响——最重要的是，今后如何避免这种灾难，或如何减轻社会遭遇这些危害时的风险损失?

地球和环境领域的科学家正在设立环境科学研究的决定性里程碑，他们协助制定基于科学的政策条例：布鲁塞尔于 2000 年通过了《欧盟水事框架指令》，这可不只是一项官方法令。当时的标准宣称在 2015 年要做到全欧洲水域实现健康的生态和化学状态。这一宏伟目标给研究活动带来了前所未有的动力。例如，亥姆霍兹联合会就把从事水研究的不同学科背景的研究人员组织起来，成立了一个名为“水科学联盟”的协作网络，参加单位也有其他高校和非高校的科研机构。2006 年，从事气候变迁导致经济后果研究的世界银行原首席经济学家尼古拉斯・斯特恩（Nicolas Stern）在他的报告中提出，环境变化理应受到政治和社会的关注。这一问题随即成为在海利根达姆（Heilligendamm）召开的八国首脑峰会的中心议题。为了帮助政府做出正确的决策，亥姆霍兹联合会还建立了亥姆霍兹气候倡议项目 REKLIM（区域性气候变化观察）——由九个研究中心参与的科研联盟。该项目凝聚了各家从事区域性观察和过程研究的科研团队，并与亥姆霍兹联合会的各个区域性气候办公室和气候服务中心一起，为政治决策提供科学的专业意见。研究人员多年来积累的经验和知识成为评估风险和机会、制定预防和应对战略的坚实基础。即使是对液压破碎法这类新型有争议的技术——靠深钻打孔获取天然气或石油，科学家可以在评估该技术的风险和机会时提供专业意见。这也同样适用于评价将在未来开发的至今甚少研究的非常规水下天然气矿藏（“气体水合物”）及以环境友好的方式同时存储二氧化碳等问题。

海浪测量浮标被固定在海床上用于收集洋流情况。浮标采集到的数据将用于改进洋流模型
图片来源：HZG/C. Schmid

生物圈、大气圈、水文圈，全部汇总聚集在一起。通过土壤的磁共振成像，科学家可以研究最复杂的环境成分组成，可以更多地掌握在地层中水流、物质流和能量流的循环情况
图片来源：UFZ/A. Künzelmann

用激光扫描高达5592米的拉斯卡尔（Lascar）火山口，这是智利最活跃的火山之一。激光测量的目的是掌握火山口的结构及其变化
图片来源：GFZ/ T. Walter

有价值的基础研究

鉴于社会敏感度的提高，人们对科学家的要求也已经发生了变化：对他们的期望并不仅限于发表漂亮的专业文章；当今人们更关心的是实际应用的可能性。在许多情况下需要为政府提供可选方案：在海平面上升的时候，某地大坝的高度和宽度应是多少，才能充分保护内地？海洋酸化对海洋的影响有哪些？可以采取哪些措施来减轻干旱地区缺水的后果？生物质用于可再生燃料的生产将如何影响欧洲中部的生物多样性？为了防止种植能源作物与粮食作物争夺土地，同时保护土壤、水和生物多样性，需要做哪些相关规定？存在哪些地理风险？是什么导致了洪水？在研究过程中会反复提出相似的问题。亥姆霍兹地球系统知识平台 (Earth-System-Knowledge-Platform，ESKP) 是科学及政治决策的核心交互点。如今，受益于亥姆霍兹联合会高度发达的研究模式，尤其专业人员之间的密切合作，科学家能提供越来越可靠的建议。

地球与环境研究领域概览

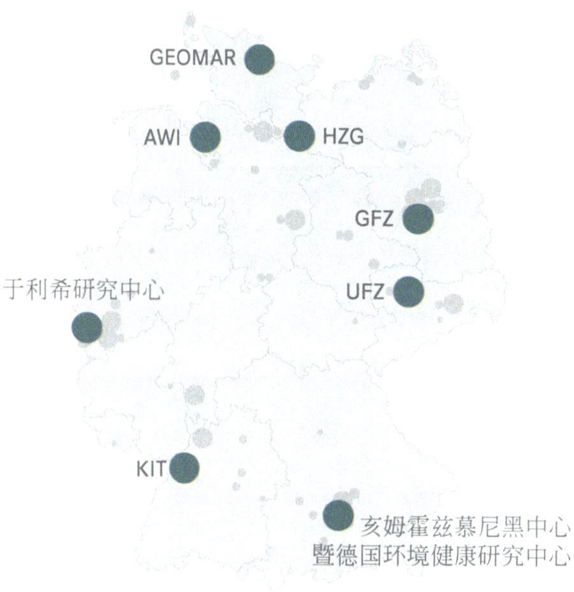

在地球与环境领域从事研究的有 8 个亥姆霍兹联合会研究中心：阿尔弗里德·魏格纳极地与海洋研究中心（AWI）、于利希研究中心、亥姆霍兹基尔海洋研究中心（GEOMAR）、亥姆霍兹吉斯达赫特材料与海岸研究中心（HZG）、亥姆霍兹慕尼黑中心暨德国环境健康研究中心、亥姆霍兹波茨坦研究中心暨德国地学研究中心（GFZ）、亥姆霍兹环境研究中心（UFZ）、卡尔斯鲁厄理工学院（KIT）。这些研究中心参与的这个科研领域的活动定位在以下 5 个专题项目中：地学系统，海洋、海岸和极地系统，大洋，大气和气候以及陆地环境。

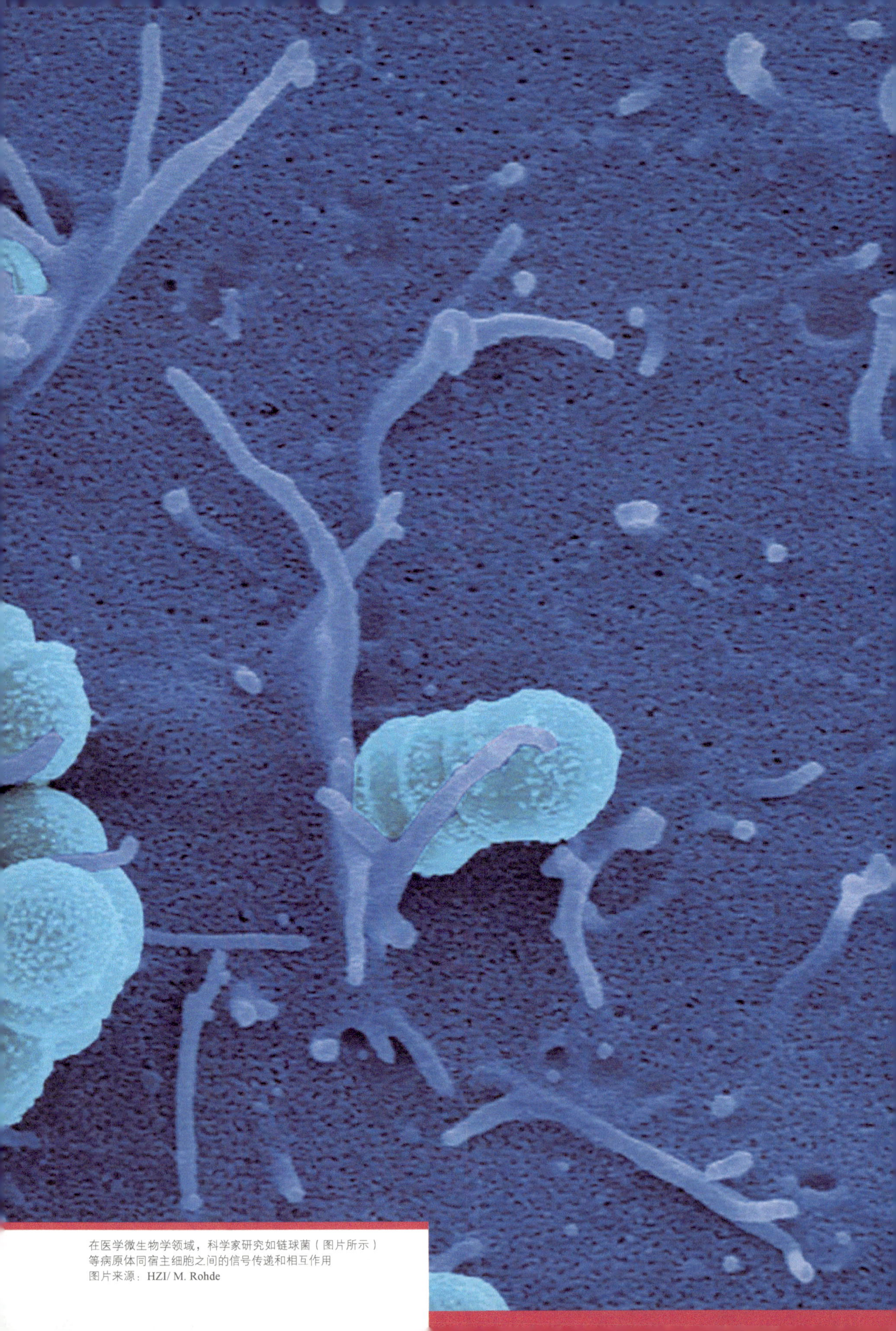

在医学微生物学领域，科学家研究如链球菌（图片所示）等病原体同宿主细胞之间的信号传递和相互作用
图片来源：HZI/ M. Rohde

研究领域

医学健康

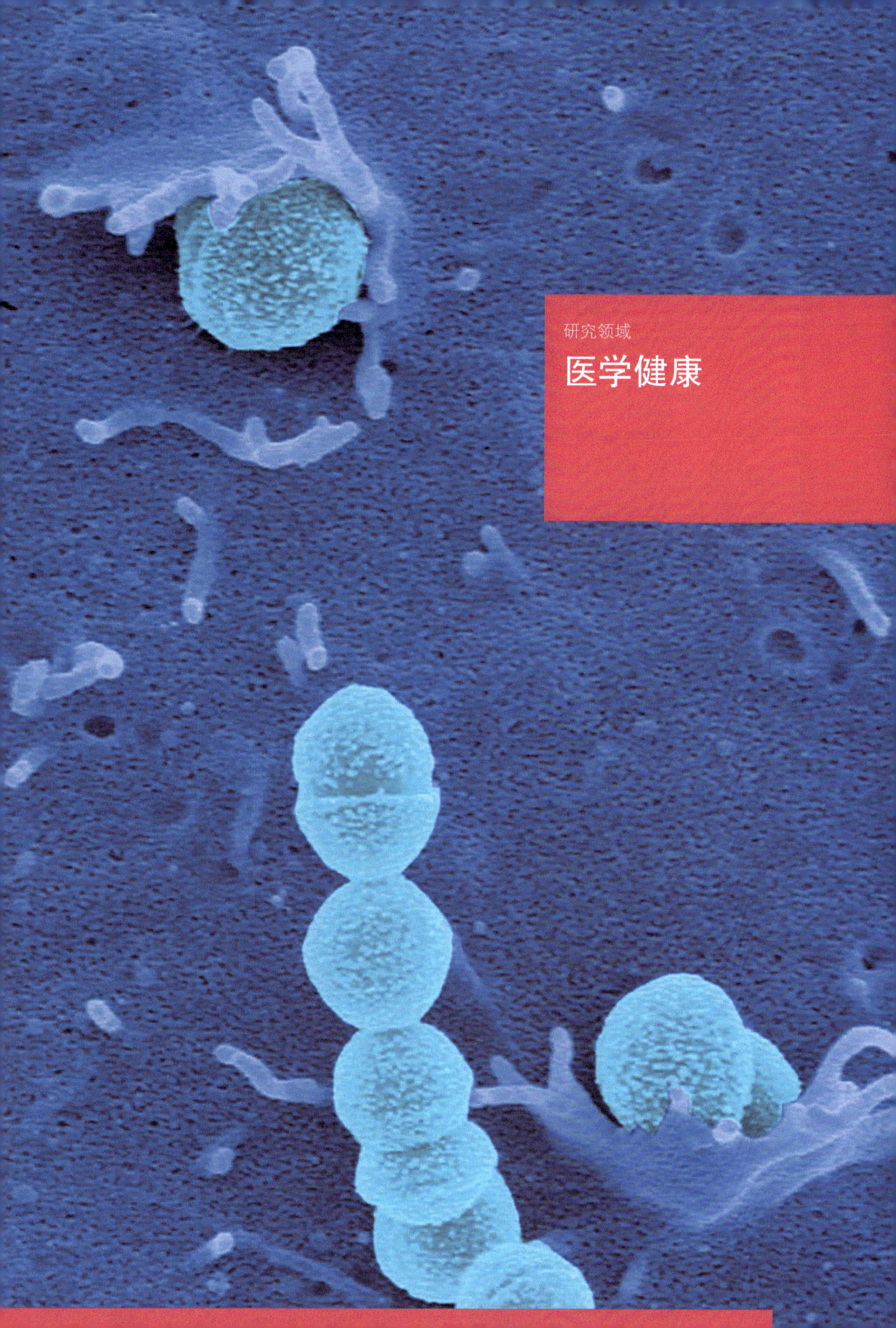

健康的挑战

1984 年 9 月 8 日，著名德国物理学家赫尔曼·冯·亥姆霍兹去世，亥姆霍兹联合会采用的就是他的名字。德国和全世界的科学界同僚都为此感到悲痛。他死于脑卒中，一种至今还在被认真研究的疾病。时至今日，这种所谓的脑血管意外（cerebrovascular accident）仍属于人类的六大疾病之一。根据世界卫生组织（Wold Health Organization，WHO）公布的信息，人类的六大疾病除心血管疾病之外，还包括癌症、代谢性疾病、感染、肺部疾病和神经退行性疾病。上述疾病涵盖了德国 90% 以上的死亡病例。

多年来，亥姆霍兹联合会的科学家致力于研究现代社会的重要医学问题。他们的研究建立在过去所取得的重大医学成就的基础上。例如，19 世纪末以来，婴儿的死亡率已迅速下降。20 世纪，发达国家的居民寿命翻了一倍，因为医疗工作者可依靠新的医学知识为他们的患者提供更加有效的治疗。肺部和感染疾病出现的绝对数目也有所下降。诸如 X 射线技术和抗生素等新的诊断与治疗手段得到迅速普及。

由于生活条件和人口数量的改变，现在人们对于医学治疗和研究的要求不断提高。长寿的人越来越多，逐年攀升的平均寿命意味着出现慢性病、老年糖尿病和痴呆症等更复杂病象的可能性也在升高。在身体不同部位所呈现的病症现在要比史上以往任何时候都更多。

为研制出新的有效成分和抗感染药物，科学家必须跨学科、跨中心地开展合作
图片来源：亥姆霍兹感染研究中心（HZI）/ U. Bellhäuser

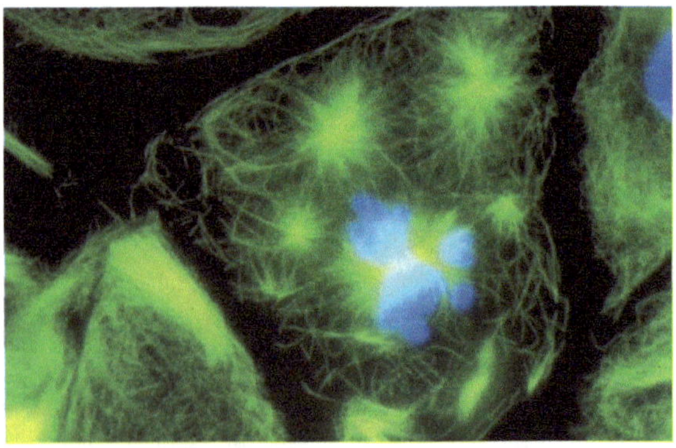

HZI的研究人员所发现的埃博霉素，是一种新型抗癌药物的基本成分，它通过阻断遗传物质（蓝色部分）的均匀分布而干扰癌细胞分化
图片来源：HZI/ F. Sasse

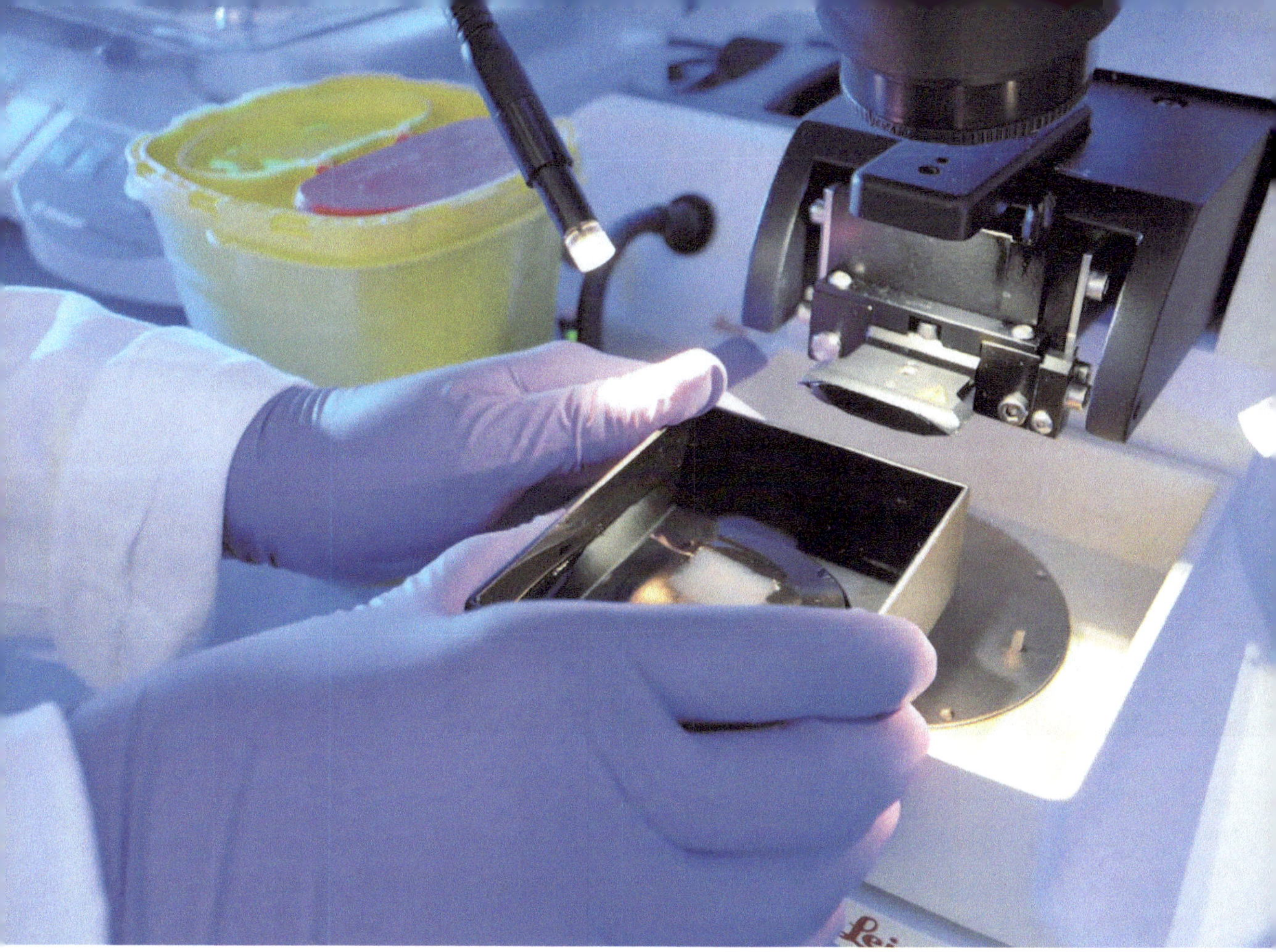

用于免疫组织化学研究的组织切片：切片机上可以切出60~400微米薄的组织切片，然后对其进行抗体染色的预处理
图片来源：DZNE/ F. Bierstedt

新的复杂病象研究

科学研究就像是希腊神话中西西弗斯的悲剧：新的知识和处理路径总是带来更多新问题。环境因素、生活方式和个体的基因错误都会导致更加复杂的病象出现，如肺部疾病和像糖尿病这样的代谢疾病。如今，德国有 600 万人患有糖尿病、近 700 万人患有慢阻肺，而且这个趋势还在上升。为了寻找更好的治疗方案，科研领域开始寻找新的研究方式和手段，这中间就包括亥姆霍兹慕尼黑中心暨德国健康与环境研究中心下面的综合肺病转换医学中心、亥姆霍兹糖尿病中心。在各个专业化的团队里，科研人员研究糖尿病及慢阻肺的发病原因和发展过程。此外，他们还致力于寻找预防此类疾病的办法并将研究结果快速转化到临床医疗中去。研究中心内部积累的流行病学经验和分析能力有助于分析基因序列和环境因素的影响。只有通过这种研究方式，才能够对重大疾病提出更有针对性的预防策略和个体化的治疗方案。

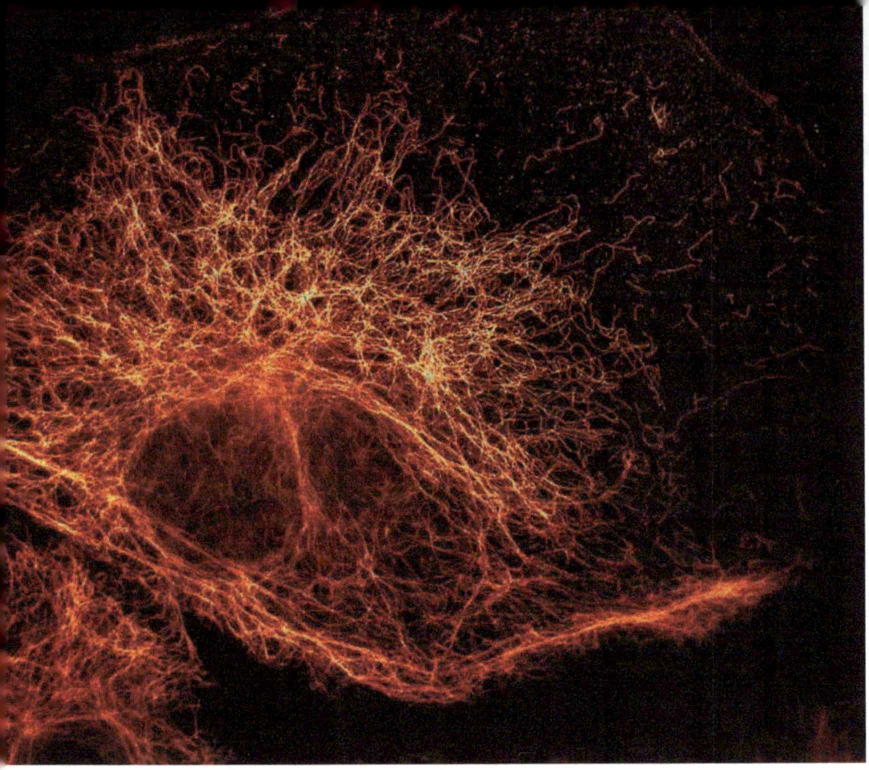

STED显微镜观察到的细胞骨架纤维：马普生物物理化学所与DKFZ的斯蒂芬·赫尔提高了光学显微镜的分辨度，发明了纳米光学显微技术，并以此荣获2014年诺贝尔化学奖。借助STED显微技术可以解答医学基础的许多新的问题
图片来源：DKFZ

过去 50 年，德国癌症研究中心（DKFZ）的研究人员致力于现代人类的另一大顽疾癌症的研究。他们研究肿瘤的产生及哪些因素会影响发病风险。为了使研究结果更快适用到临床中，作为最大的德国生物医学研究机构，DKFZ 与海德堡大学附属医院及德国癌症救助中心三家共同成立了德国国家肿瘤疾病中心（NCT）。

接下来是老年痴呆，当下有超过 140 万的德国人患有脑痴呆，其中 2/3 是阿尔茨海默病。每年增加新发患者 30 万人，形成对国家健康体系的重大挑战。为了控制此病，德国联邦教育与研究部于 2009 年成立了德国神经退行性疾病中心（DZNE），这也是新建 6 家德国医学健康研究中心的第一家。这些医学健康研究中心要开展长期的和卓有成效的医学健康研究，并获得国际竞争力。DZNE 是致力于老年痴呆研究的德国唯一非高校科研机构。自 DZNE 成立以来，研究人员着眼于开发老年痴呆的预防、诊断和相关治疗的新方案，希望改善痴呆患者的生活和减轻家属的痛苦。

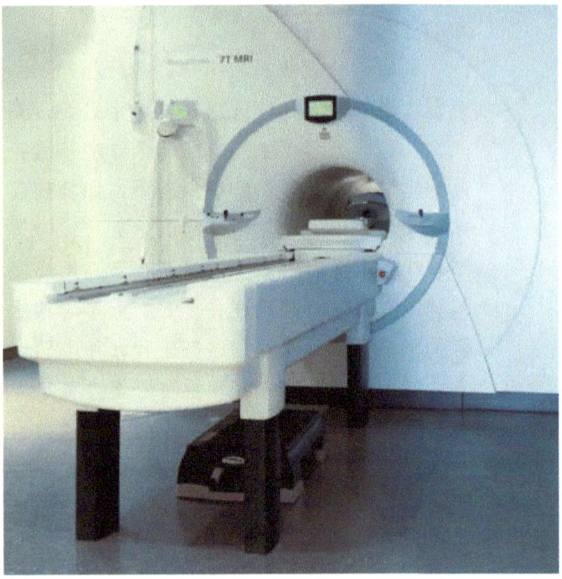

MDC的7-特斯拉-全身磁共振成像仪主要用于心血管疾病的早期诊断及治疗，以及脑部炎症性疾病的检查。超强磁场共振成像仪能以此前未曾达到的精度洞察人体
图片来源：S. Klis, 柏林超强磁场装置中心

“厉害的病毒需要厉害的病毒学家来对付”，哈拉尔德·楚尔·豪森说。他的一项重大成就，是发现人乳头瘤病毒是诱发宫颈癌的肇因，而宫颈癌是女性第三大常见癌症。DKFZ哈拉尔德·楚尔·豪森为此摘得了2008年诺贝尔医学奖。人乳头瘤病毒

图片来源: Phanie/ yourphototoday杂志社

挑战：把实验室成果快速转化到临床

患者才是医学健康研究的焦点，这在今天已经是普遍接受和认可理念。但在成立各家生物医学科研中心之初，科研人员都是各行其是、单打独斗，各自侧重于基础的研究课题。许多年之后，才开始重视战略规划，以及树立以临床应用为目标的原则。从20世纪90年代起，亥姆霍兹研究中心开始加强与医院的合作，共同开展大型阵列研究并且投入了大量资源。亥姆霍兹联合会于90年代将地处柏林布赫的马克斯·德尔布吕克分子医学中心收入麾下，也对加强临床研究起到了积极作用：那里的科研人员与柏林各家医院一向有密切合作关系。

如今，亥姆霍兹研究中心的一项重要任务是比现在更快地将新的知识用到患者身上。举例来说一旦世界上发生传染病，亥姆霍兹研究中心就会立即介入。同时，更迅速、更有效地把病人的问题纳入到基础研究中去。其中一种手段就是亥姆霍兹联合会启动的全国性阵列研究，通过这类研究可以获得患者更为全面完整的信息。这些流行病学的长期调查对象是不同年龄段的20万德国人，查找如基因、生活环境和生活方式同糖尿病、癌症、老年痴呆及抑郁等常见疾病的关联。目的在于更清楚地找出主要常见疾病的发病原因和风险因素，由此更好地评估每位患者的自身风险并为之提供针对性的预防策略。加入这项跨学科大型研究的还有来自高校、莱布尼茨联合会下属单位及附属于联邦政府和各州政府科研事业单位的科研人员。

为了查明感染和癌症之间的关系，确定新的治疗方案，科研人员也采用DNA基因测序的方法
图片来源：HZI/ F. Bierstedt

新的健康研究组织形式

生活习惯的改变会带来病象的变化，亥姆霍兹联合会的科研人员认为这是一个巨大挑战：随着疾病变得复杂，科研经费支出也会相应地增加。因此参与研究的亥姆霍兹研究中心都会相互合作，并与亥姆霍兹联合会以外的高校、非高校和工业伙伴建立协作网络。这是当下想取得科研成果的必经之路。为了使新的治疗手段和药物可以尽快地用到患者身上，亥姆霍兹联合会在医学健康领域还开拓了新的组织架构和合作模式，如德国健康研究中心或柏林医学健康研究所（BIH）等。此外，亥姆霍兹医学健康研究中心还与高校医学院等机构紧密合作，在高校临床医院内部成立有实力的转化医学中心。这些科研合作不仅打通了实验室知识转化到临床的通道，还方便于把临床观察数据拿到基础研究的模型中进行分析，从而实实在在地帮助患者。

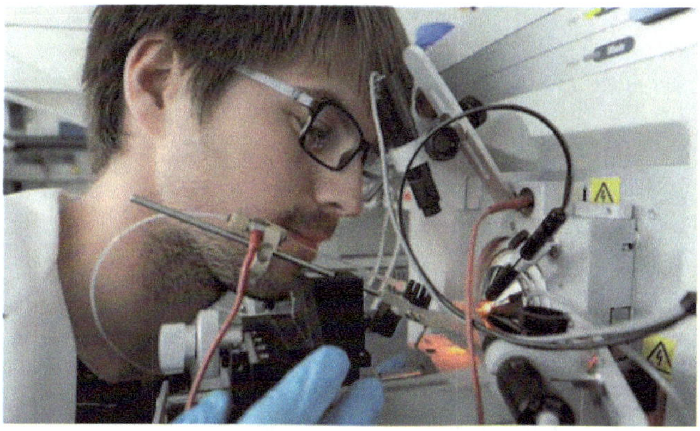

对痕量的蛋白质也能进行识别和量化测定：MDC的科研人员正在调试HPLC-纳米-柱位置，它可以在做质谱仪测量之前把肽链切成碎片
图片来源：MDC/ D. Ausserhofer

亥姆霍兹慕尼黑中心开展的Fr1da-研究是个早期识别儿童Ⅰ型糖尿病的独特科研项目
图片来源：亥姆霍兹慕尼黑中心/ IDF

医学健康领域概览

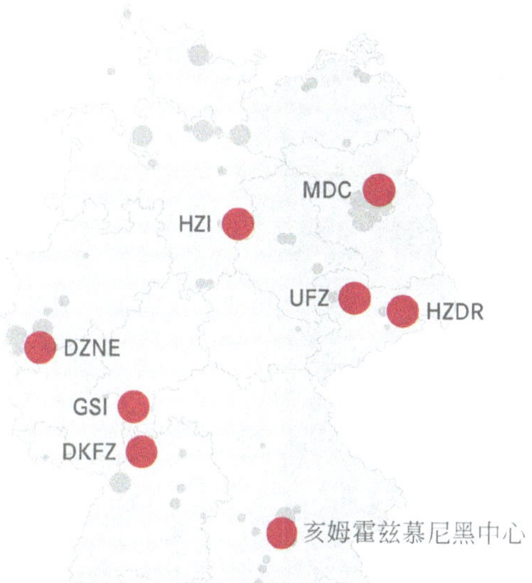

8个亥姆霍兹研究中心在医学健康领域从事科研合作：德国癌症研究中心（DKFZ）、德国神经退行性疾病中心（DZNE）、亥姆霍兹感染研究中心（HZI）、亥姆霍兹慕尼黑研究中心暨德国环境健康研究中心（亥姆霍兹慕尼黑中心）、马克斯·德尔布吕克分子医学中心（MDC）、亥姆霍兹环境研究中心（UFZ）、亥姆霍兹德累斯顿罗森多夫研究中心（HDRZ）、亥姆霍兹重离子研究中心（GSI）。科研人员共同聚焦5个重大专题项目：癌症研究、心血管及代谢性疾病、感染研究、神经系统疾病及基因和环境对常见疾病的影响。

2014年国际太空站的“蓝点——塑造未来”航天飞行任务。在航天任务中进行了旨在改善地球生活、测试新技术及未来太空科研的准备活动
图片来源：NASA:2Explore

研究领域

航空航天与交通

在时空中穿梭

航空航天与交通领域涉及人类在地面、水上、空中及在太空中的三维移动。对于人类的交通活动而言，重要的是知道如何让交通流有效地流动起来，如何使飞机低噪声地飞行，实现材料轻量化后会发生什么效果，还包括了解太空及其太空的规律性。2014 年 11 月，罗塞塔（Rosetta）太空探测器作为母船，释放出约 1 米见方的高科技菲莱（Philae）着陆器，并使之成功降落在一颗彗星上。自从 2004 年发射之日起，安装在高科技菲莱着陆器上的 10 套科研仪器就开始追踪太阳系的一颗最古老、最原始的星体，以了解有关它的起源的更多信息。在这次成功的国际航天任务中德国航空航天中心的研究人员承担了其中的核心部分：他们带领一个国际团队负责研制彗星着陆器，并负责着陆器的地面控制中心，操作极为困难的、此前想都不敢想的彗星着陆，这项复杂科学任务需要长期的规划和坚持。当然，本研究领域的重大问题并不仅限于研究太阳系的起源，保障人类未来的交通也是全球性的现代社会所面临的重大挑战之一。这项研究当下面临的主要问题是，如何以需求为导向让交通更高效更适合未来的生活，包括交通对人类和环境有哪些影响。

航空交通简介

本研究领域的三大核心专题之一，是如何让当代社会急剧增加的航空交通变得更为高效、环境友好，并且具有可持续性。在从事基础研究和应用研究时，本领域的研究人员可以用到全欧洲独特也是最大民用航空科研机群，其中既有飞机也有直升机。这些科研飞机可用于如对地球表面观测、大气层研究及飞行实验等任务。它们将被用于测试新的航拍技术、生物燃料是否适用于航空飞行、包括对全球最大的飞机之一的空客 A380 进行飞行测试。研究人员在这些实验结果基础上为决策者提供咨询建议，如怎样减少机场周边的噪声污染，以及怎样降低飞机飞行噪声和怎样优化新的降落着陆程序。

利用激光束和高速照相机研究飞行噪声的产生机制和对抗措施。德宇航哥廷根分部的一位女研究员正在调整一个直升机螺旋桨模型用于测量
图片来源：德宇航

大气科研飞机HALO（高空和长距离科研飞机）：因飞行航程可达8000多千米，全大陆测量首次成为可能。机身和机翼下方可以加装其他科学仪器用于不同的测量任务
图片来源：德宇航

这些飞机同时也被用作环境研究的科研平台：利用高空和长距离研究飞机（high altitude and long range research aircraft，HALO）可以验证全球气候模型。由于该飞机航程特别长，滞空飞行时间可以长达 10 小时，从而实现了第一次的大陆尺度的长距离测量，跨越从极地到热带所有地区，还可抵达太平洋偏远地区。在飞行中可以进行大气组分测量或进行各种研究，比如澄清极地周边冰川以多快速度融化或者哪里的热带雨林被砍伐掉了。德宇航凭借其研究所、研究基础设施、通过参与德国—荷兰风洞和欧洲超音速风洞及自身的科研飞行器，可以做到对整个航空运输系统、飞行导航及高效的机场体系等课题开展研究。

德宇航和德国—荷兰风洞基金会（DNW）2010年共同启用了世界上最强功率的航空声学风洞。科研人员用风洞研究航空发动机和机翼等物体的气动声学特性。布伦瑞克的风洞既可以测试飞机也可以测试汽车
图片来源：DNW

德宇航有世界上最大的科研用热压罐。科研人员用它对碳纤维增强塑料做成的飞机部件进行提升强度的热处理。2012年投入运行的最大热压罐实验单元BALU（biggest autoclave laboratory unit）长20米，直径约为6米
图片来源：德宇航

低噪声、双层结构的下一代火车（next generation train，NGT）将以400千米/小时的速度、节省50%的能耗驶入未来。德宇航在这个项目中综合了其在轨道车辆研究方面的所有能力。德宇航科研人员致力于让未来的火车更轻盈、更节能、更舒适、更安全，同时也更为快捷。
图片来源：德宇航

着眼于未来的交通研究

近几十年,欧洲的客运和货运交通能力显著攀升。个体对个性化交通的愿望制造了交通拥堵及交通对人和环境的负面影响。从事交通领域研究的科研人员致力于克服交通的难题，缓解紧张关系、减少交通产生的负面影响，在平衡经济、社会和环境利益的需求下实现可持续的交通。日益增长的交通需求无法仅靠修建新的基础设施得以解决，有必要在考虑经济、环境和社会的方方面面后开发出一套现代的客运和货运交通体系，对于社会的繁荣与发展，快速、可靠和安全的交通连接不可或缺。本研究领域的一个重点是基于地面的交通研究、交通技术研究及全系统的交通研究。科研人员研究如何使交通系统在未来安全、高效；如何在节省能源的同时还能提高安全性和舒适度。也可以换句话说,下一代汽车和下一代火车应该是什么样子。

德宇航的科研人员可以在研究中借助特殊的科研基础设施：通过一个火车实验平台可以分析火车在温度和声音方面的舒适度。开发节能的火车头，研究现代火车交通新方案。通过下一代汽车计划研究如何提高交通的人流密度。未来驾驶员辅助系统可以相互交流以减少车辆事故发生并使交通更为通畅。该领域研究内容还包括未来汽车的设计：未来在城市内和城市之间行驶的将只有轻量化制造的车辆吗？还是人们的生活习惯会发生巨大改变，在市内只会驾驶和乘坐两座汽车？抑或在出行时混用各种交通工具，有意识地根据每次出行需要而组合不同的车辆。此外，还对未来的交通发展进行建模研究，以了解使用可再生能源会带来什么影响，如何使未来交通系统更加高效节能。在考虑用户灵活性之外，还必须顾及资源效率问题，因为随着几十年的交通量增加，全球能源消费也在不断增长。为了开发未来可行的交通解决方案，与能源科研领域合作携手开展动力电池和电动汽车研究也成为一个重点。

在布伦瑞克一个交通繁忙的十字路口，德宇航从事交通研究的相关人员正在研究驾驶员之间及驾驶员与行人和骑自行车人之间的相互作用，希望找到路面出现突发情况的原因及如何借助驾驶员辅助系统减免危机
图片来源：Jenoptic/德宇航

2014年11月11日，菲莱着陆器登陆彗星TschurumovGerasimcnko是罗塞塔航天计划的高潮，配备有10台科学仪器的着陆器是在德宇航领导下研发并建造的。此为艺术化假想图
图片来源：德宇航

自从20世纪70年代中期出现石油危机使人们关注这个话题之后，人们便开始讨论研究更具有可持续性的各种能源系统。今天，亥姆霍兹联合会交通领域的科研人员与联合会各个能源中心的科研人员共同开发创新车辆方案和高效的交通系统。

深度探索太空

航天计划所体现的是人类自古至今的飞天梦。对宇宙太空的科学研究并不仅限于对遥远星系的梦想：它所满足的是人类更多地了解自身和探索未知世界的渴求，还能解答很多现实的社会问题，这其中包括对气候变化的观测和理解。因为无论是航天探测器在矮行星上着陆，还是研究微重力条件下液体现象，航天研究计划都旨在利用航天飞行获得科学、社会和商业上的利益，从而确保人类生存的基础，获得有关宇宙和地球的基本认知。再比如说，科研人员在项目中为未来的航天探索开发必需的技术；在生命科学和材料科学领域为新技术奠定基础；在国际空间站提供的特定太空条件下可以研究生物活体组织中的变化，其所得到的结果可直接应用到地球上。科学知识有多种相互作用，当科研人员掌握了地球上长期卧床不起的病人身体是如何反应的时候，这个知识反过来就可以用于载人火星飞行计划。当科研人员采用抗高温的陶瓷复合材料研制出更高效、更环保的航空涡轮机的时候，该材料也可以在航天运载系统重返大气层时用作隔热保护系统。

在过去几年里，本科研领域的发展还使遥感及其应用达到了国际上前所未有的技术水准。通过TerraSAR-X卫星和Tandem-X卫星，当下可以更精确地掌握地球表面的变化。两颗结构几乎相同的卫星环绕在离地球500千米的轨道上，用雷达探测地球表面。两颗卫星中的第一颗，TerraSAR-X卫星于2007年发射升空，两年后，其双胞胎卫星Tandem-X卫星再度升空。

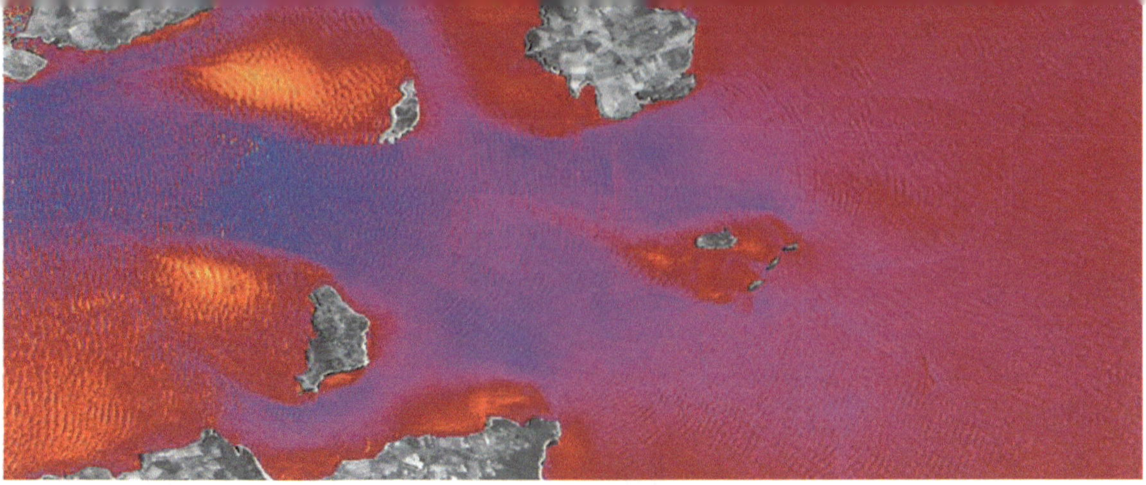

从太空上看苏格兰奥克尼群岛（Orkney-Inseln）周边的洋流。自2008年以来，德国雷达卫星TerraSAR-X可以突破地面的云雾障碍而对地面进行无间断的全时观测。通过照片科研人员可以确定海浪和风力强度
图片来源：德宇航

两颗卫星之间相距只有几百米，形成一个可以用略有差异的角度对同一地块进行同步拍摄的紧凑结构。现如今整个 1.5 亿平方千米的地表已经被完整地反复测量多次。最后生成了具有前所未有之精细度的完整的地球三维立体地形图。再在此基础上又开发出一个均匀的地面高度模型，后者是解决许多科学问题和商业应用的重要基础。以上这些事例表明，德宇航在雷达技术、激光通信、雷达遥感、空间机器人及行星研究等领域都是当今世界领先水平。

对社会更有直接关联的是科研人员建设的基于卫星数据的危机信息中心，当世界上发生自然灾害时可能挽救成千上万人的生命。由德国联邦政府资助、多个亥姆霍兹研究中心共同参与的联合研究项目德国—印度尼西亚海啸预警系统（German-Indonesian Tsunami Early Warning System，GITEWS）就是一个实例。在经历了短短 6 年开发和建设之后，该预警系统于 2011 年投入使用。自此，坐落于雅加达的预警中心就随时测量分析地震数据，并向印度洋沿岸居民提供海啸的警报。

航空航天与交通研究领域简介

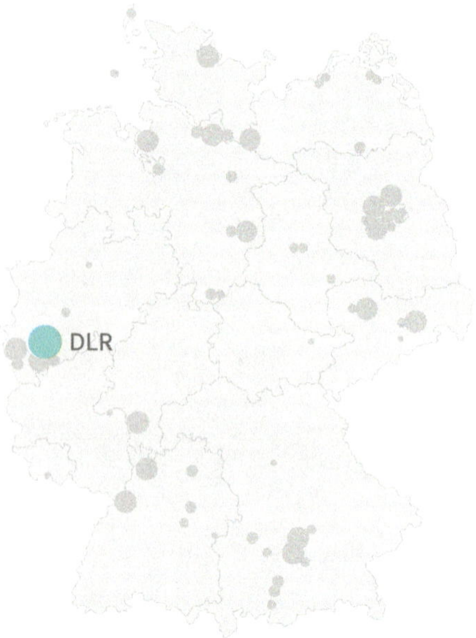

德国航空航天中心（DLR）是亥姆霍兹联合会在航空航天与交通领域从事研究的唯一中心。

科研人员就航空、航天和交通 3 个专题项目开展研究与合作，同时也参与亥姆霍兹联合会在能源领域的相关研究。

灾害防护：2011年7月11日，在塞浦路斯发生98个弹药箱爆炸案之后，德宇航的研究人员在事故现场查明状况。他们借助无人机对一座行将倒塌的发电站进行单个建筑物和房间的拍摄
图片来源：德宇航

为人类提供更多安全保障

在现代社会的各个生活领域，安全结构和安全方案都十分重要。因此，科研人员在不同的项目中从事跨领域的安全研究：涵盖了能源、关键技术、地球与环境、航空航天与交通领域的紧密合作。无论是恐怖袭击、有组织犯罪、自然灾害或网络攻击，现代社会及其关键基础设施正变得越来越容易受到攻击。我们谨以亥姆霍兹联合会的海事安全项目，来解读亥姆霍兹联合会的不同科研重点之间是如何相互连接的。科研人员希望通过该项目找到新的更好的管控航运的办法。在大洋上，由于货运越来越密集、航道越来越拥挤，事故风险日益增加，尤其是像英吉利海峡和地中海这样繁忙的海域，以及像东京和新加坡这样的大型港口。为研究全球船运情况，科研人员在项目中需要用到来自装有 4 米长新式螺旋天线的 DLR 的 ALSat 卫星的卫星数据。研究人员仅在第一个月就获得了 52 000 组航运数据。为了实现更好地管控交通，尤其是高流量地区的交通，如何将这些有关船只大小和载荷情况的信息有效地结合起来是长期的科研任务。这个雄心勃勃的任务只能由航空航天与交通领域科研人员通过把科研装备和专业技能有效地结合在一起而予以实现。

用ALSat卫星跟踪航运：通过4米长灵活的螺旋天线，德宇航ALSat卫星接收船舶信号，确保海上交通更为安全
图片来源：德宇航

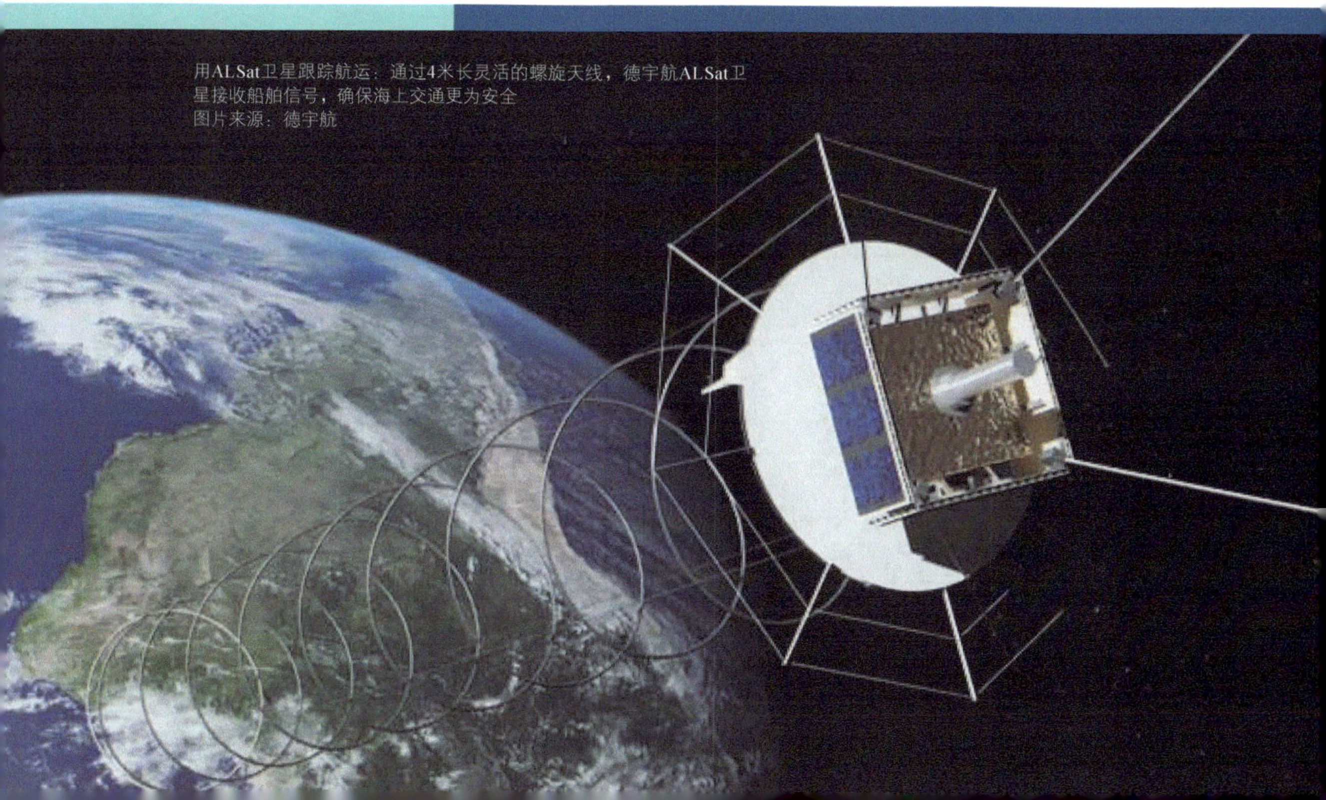

切伦科夫天文望远镜阵列观察到的切伦科夫闪光
图片来源：DESY/Milde Science Comm./Exozet

研究领域

物质结构

闯入看不见的世界

这是一个到达了人类想象之极限的研究领域，亥姆霍兹联合会的研究人员正在着手解开物质的终极秘密。这里涉及的是很大尺度范围内根本性的挑战：从宇宙起源及其组成，到分子之间、材料和生物有效成分中的复杂过程。

亥姆霍兹的科研专题“物质和宇宙”结合了粒子物理学、宇宙粒子物理学和核物理学，是要从最基础层面研究宇宙起源与基本规则。在过去几十年中已经有了许多发现，如粒子标准模型、人工制造的反物质和超重核素及对于从太空射到地面的不可分裂的高能粒子的认识。但是还有很多仍然属于未知：是否存在一种可以产生我们所知所有力的更为基础的原始力？以引力形式把所有存在吸附在一起的所谓的暗物质究竟是由什么组成的？使宇宙加速而不是减缓扩张的暗能量又是什么，它是怎么发挥作用的？来自宇宙的天体粒子能告诉我们什么？

在亥姆霍兹联合会“从物质到材料和生命”的专题项目中，人们则研究完全不同的问题。科研人员在这里深入研究我们周边物质的属性。这个领域的研究始于100多年前第一张晶体的X线片，之后分子研究和材料研究得到蓬勃发展。若非通过材料研究中所得到的分子学知识，任何的现代技术都是难以想象的，这些知识使研发先进材料成为可能。医学也从中受益：没有病毒和细菌的分子结构知识，则无法研发出有效的药物。但是仍然存在许多有待攻克的难题：可以实现常温条件下的超导吗？可以造出仅用一个电子控制开关的晶体管吗？可以对化学或生物超快反应过程作直接观察吗？想正确回答这一类问题，就要视我们儿孙时代的技术能发展到什么程度。

在德国电子同步加速器中心（DESY）的PETRA Ⅲ光源上的人机合作
图片来源：DESY/Müller-Elsner

于利希研究中心核物理研究所加速质子和氘核的冷同步辐射加速器“COSY”
图片来源：于利希研究中心/R.-U. Limbach

科研人员在德国电子同步加速器中心（DESY）的FLASHX射线激光器上工作
图片来源：DESY/H. Müller-Elsner

超级显微镜和超级望远镜：观察纳米世界和宇宙的眼睛

发生在最小和最大世界的物理过程都是隐匿在我们的感官和常规视觉辅助工具之外的。只有借助最为昂贵且高度复杂的大型研究装备，亥姆霍兹的研究人员才能闯进这个神奇的世界之中。在亥姆霍兹联合会的物质研究领域，开发、建造和运行大型科研基础设施是其关键的科研使命。亥姆霍兹联合会在设计新型粒子加速器方面所积攒的专业知识发挥了关键作用。亥姆霍兹研究中心拥有诸多世界上独一无二的大型科研设备：由粒子加速器所驱动的同步辐射装置可以生产用于散射试验的高亮度 X 射线，并用以观察纳米世界；可以提供关于材料结构和功能详细信息的中子源和离子源，等等。

在这个专题项目中还包括强磁场实验室及用于筛选、分类并储存实验数据的超级计算机。特别值得一提的是，亥姆霍兹联合会拥有可以发出 X 射线波段激光的新型自由电子激光器，它革命性地帮人们看到迄今为止尚且看不到的纳米世界。

亥姆霍兹德累斯顿罗森多夫研究中心的科研人员正在利用超短脉冲激光器DRACO研究激光粒子加速，目标是开发更小巧紧凑的加速器
图片来源：HZDR/J. Lösel

未来世界的X射线激光器：位于汉堡的欧洲自由电子激光器XFEL安装在地下隧道里的加速器模块
图片来源：DESY/D. Nölle

国际合作

大型科研基础设施已经变得越来越复杂和越来越昂贵，只有通过国际合作才能共同负担。典型例子就是像粒子物理的高能实验已经很长时间都不再在一个国家里面进行了。亥姆霍兹联合会的科研人员就是在欧洲核子研究组织（European Organization for Nuclear Research,CERN）的全世界最大的大型强子对撞器LHC上进行实验，研究宇宙基本规律。

在德国汉堡由德国电子同步辐射加速器中心牵头研制的欧洲X射线自由电子激光器XFEL也是国际上独一无二的卓越科研基础设施。从2017年起它开始发出X射线波段的超短激光脉冲。因为用于曝光的激光脉冲要快过于分子的移动，从而可以拍摄到复杂生物系统之中含有分子结构细节的清晰照片，今后甚至可以实现对化学反应过程的实时拍摄，所谓量子剧场。通过这些拍摄和从中获得的知识可以有助于针对性地控制分子反应，比如说用以优化太阳能的产生和应用。

在达姆施塔特的亥姆霍兹重离子研究中心GSI的旁边，新近建起一个反质子与离子研究装置（Facility for Antiproton and Ion Research，FAIR），这是一个新的加速器中心。人们将制造出迄今从未有过的高质量和高强度的反质子和离子束流，以期揭开神秘的夸克-胶子-等离子体的面纱。在卡尔斯鲁厄理工学院，来自世界各地的科研人员借助大型实验装置KATRIN这台世界上最精密的天平测量中微子的质量。KATRIN完全没有天平的样子，是一只以奇妙的方式、以最高精确度测量中微子激发的β衰变的巨大真空罐。这台巨大的装备还为其他需求提供了许多技术解决方案。

寻找中微子：卡尔斯鲁厄理工学院（KIT）科研实验装置KATRIN的内景图
图片来源：KIT/M. Zacher

使用GSI的AGATA探测器测量γ辐射
图片来源：GSI/T. Ernstig（黑森州通信社）

物质：获得重大科研成果的领域

在过去几年里，数家在本领域从事科研活动的亥姆霍兹研究中心取得了许多重大国际成果。

1979年，在DESY的Petra储存环上发现了胶子。胶子是把原子核胶黏在一起的场粒子，可以誉为世上最强的黏合剂。它已成为标准模型中不可动摇的组成部分。过去几年，在GSI的碎片分离器和实验存储环上产生了270多个短寿命核素。这是一项世界纪录，它为理解恒星中化学元素的形成机制提供了重要线索。

以色列科学家阿达·约娜斯（Ada Yonath）女士摘得了2009年诺贝尔化学奖，她于1986~2004年在DESY的DORIS储存环上从事核糖核酸结构的研究。核糖核酸是细胞中依据遗传信息合成蛋白质的纳米机器人。以上三个大相径庭的案例展示的都是只有透过大型研究设施才能获得的知识，所以高昂的花费也是值得的。

诺贝尔化学奖获得者阿达·约娜斯（Ada Youath）在电子同步辐射实验室DORIS（DESY）工作
图片来源：DESY

科学体系间的卓越合作：服务用户的大型科研设施

本领域的许多大型科研设施向全世界的科学家开放，供他们进行实验。

国际委员会以同行评议的方法确定用户实验时间。申请在同步辐射源和中原子源上做实验的时间加起来通常超过可使用时间三倍以上，因此只有创意最好和最有说服力的申请才能获得实验机会。每年都有过万名的科学家，尤其是青年科学家使用这些在全球也只有亥姆霍兹联合会一家运营的独一无二的科研设施。这些提供用户服务的亥姆霍兹联合会大型科研设施还是德国科研体系不同分工、促进高校和亥姆霍兹联合会合作的杰出范例。

大型科研设施的用户群体来自所有学科，除物理、化学、生物、医学和材料科学之外，还有越来越多的用户来自地球科学、考古学和艺术领域。大型科研设施也成为跨学科纳米研究的国际枢纽。

亥姆霍兹柏林材料与能源研究中心（HZB）有能量回收功能的新型直线加速器样机bERLinpro上的束流诊断
图片来源：HZB/A. Kubatzki

于利希研究中心在美国橡树岭国家实验室的中子自旋回声光谱仪
图片来源：橡树岭国家实验室

应对新挑战的新专题

解决重大问题和社会挑战通常需要颠覆性方案。因此，在物质研究领域设计了 3 个高度交叉的专题计划：“物质与宇宙”“从物质到材料和生命”“物质与技术”。这些专题计划鼓励亥姆霍兹研究中心之间、在不同学科之间产生更多更好的合作，让更加重要的研究目标浮现到视野中来。亥姆霍兹联合会也通过这个新机制而在世界起到组织架构师的作用。以技术为导向的“物质与技术”研究专题还有一个特别的角色：亥姆霍兹联合会在本领域有很强的先进技术竞争性，现在更是以前所未有的力度开发新型粒子加速器和粒子探测器。这项技术研发首次把全德国的能力凝聚到了一起，未来，这种集举国之力的做法还将移植到大数据储存和电脑运算的技术开发上。

物质研究领域概览

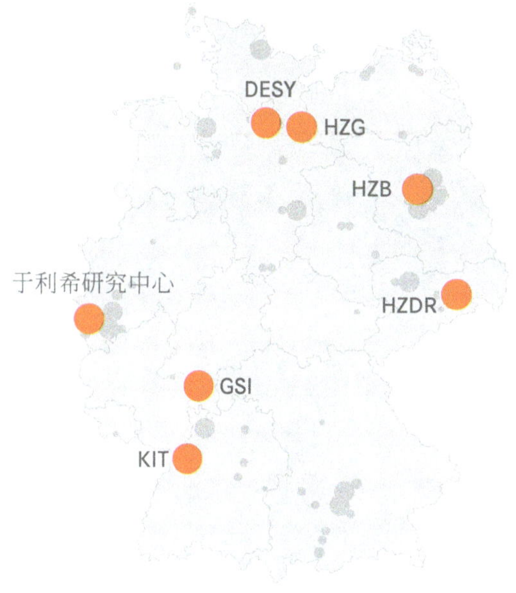

在物质研究领域有以下几家中心开展合作：德国电子同步加速器中心（DESY）、于利希研究中心、亥姆霍兹重离子研究中心（GSI）、亥姆霍兹柏林材料与能源研究中心（HZB）、亥姆霍兹德累斯顿罗森多夫研究中心（HZDR）、亥姆霍兹吉斯达赫特材料与海岸研究中心（HZG）、卡尔斯鲁厄理工学院（KIT）。

研究人员合作研究的 3 个专题计划是“物质与宇宙”“从物质到材料和生命”“物质与技术”。

纳米电子自旋工件台是一个信息技术领域中的多功能科研设备。使用它，就可以对用作新型信息存储器的纳米器件在超高真空条件下进行制作、拍摄和研究
图片来源：于利希研究中心

研究领域

关键技术

服务于人类的智能系统

历史上每一次技术革命都是由某项关键技术引发的：第一次炼铁、印刷术、水能利用和蒸汽机，关键技术奠定了无数创新和新产品的基础。关键技术反映的是某个社会所面临的紧迫问题，至今也仍然如此：材料科学、信息技术和生命科学是当今社会的主要挑战，关键技术研究域就是要致力为它们提供破解方案。本领域的研究能获得有益于人类的各种创新。例如，用于医疗的可再生生物材料，用作能源的从海藻制备的生物煤油，以及改善航运能耗的纳米表面技术。

亥姆霍兹联合会研究人员长期以来深度参加了关键技术的开发。本研究领域的重要性体现在欧洲联盟和德国联邦政府都把它列在了研究计划中的顶尖位置：2012 年发布的欧洲关键技术战略和 2014 年的德国联邦政府高技术战略为亥姆霍兹联合会的科研勾勒了内容框架。

于利希研究中心超级计算机JUQUEEN是欧洲第一台计算能力达到每秒5000万亿次浮点运算的超级计算机。在JUQUEEN内，装有IBM（International Business Machine Corporation，国际商用机器公司）蓝色基因/Q系统
图片来源：于利希研究中心

HZG在位于汉堡的DESY有自己的光束台站。X射线光束可用于观察材料的深处
图片来源：HZG/C. Schmid

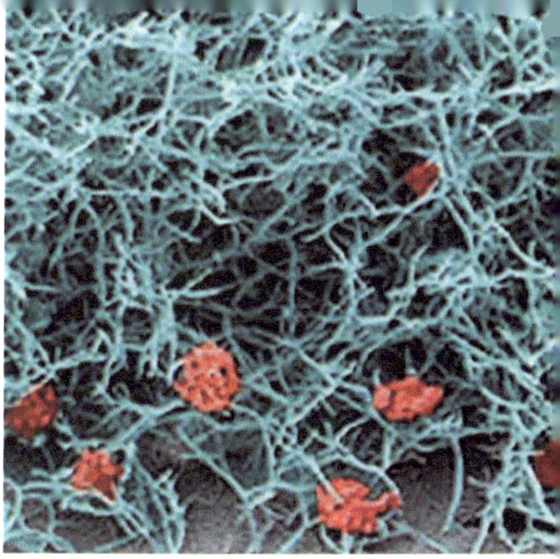

改善医疗植入物的表面特性：生物材料研究所开发的工艺可以用粗糙的表面防止不希望见到的凝血
图片来源：HZG

德国制造的基础

近些年的发展可谓神速：在20世纪90年代末还被称作科学计算的东西，现在被改称为高性能运算装置或者超级计算机。为管理和分析海量的结构化和非结构化数据（大数据）涌现出许多十分复杂的挑战。由于系统和过程的复杂度增加，高性能计算和大数据的处理成为面向不同科研领域的一项核心关键技术。核心关键技术的基础始自于20世纪中期：无论是亥姆霍兹联合会的高性能计算机或者搁在厨房桌子上的平板电脑，康拉德·楚泽（Konrad Zuse）作为第一台计算机和最早高级程序语言的发明人对此做出了极大的贡献。1949年，他在德国南部的一间磨面的小屋搭建起当时最先进的计算机，当时没有人能够想象楚泽开启了什么样的发展：他所使用的穿孔纸带、机械驱动的功能性数字计算器就是有史以来的一项核心的关键技术，它根本性地改变了社会，并最终诞生了超级计算机和大数据。

今天，德国在此领域仍然发挥着重要作用。于利希研究中心的高性能计算机JUQUEEN在2012年全球最快超级计算机500强排名中位列第五名，2014年位列第八名。亥姆霍兹联合会的研究人员用这类高性能计算机开展经费额度投入巨大的气候及大气模拟，同时也研究新的材料和粒子。未来几年，完整而详细地模拟人脑将是超级计算机领域的重大挑战。通过新一代超级计算机可以解密至今远远还没有了解透彻的人脑，掌握在人脑中进行的活动过程。为应对这一重大挑战，于利希研究中心的研究人员在着眼于未来新兴技术的欧洲旗舰项目“人脑计划”中，携手24个国家的神经科学家、医生、信息工程师、物理学家、数学家及计算机专家展开共同合作。

在超级计算机领域内争夺世界领先地位是非常艰难的，因此，于利希超级计算中心（JSC）的研究人员与IBM、英特尔、NVIDIA等企业合作。他们共同的目标是要在2020年开发出比目前超级计算机再快1000倍的超级计算机。

微波处理装置HEPHAISTOS：容积约为7000升的结构优化的六角微波加工处理装置
图片来源：卡尔斯鲁厄理工学院/T. Wegner

再一项挑战是遏制日益蹿升的计算机能耗。目前，10% 的德国耗电量归之于信息和通信技术领域，并且仍然呈增长趋势。为了阻止这一趋势，研究人员在不同层面寻找节能的新方法：从最小的电子器件单元、计算机架构，乃至能源管理，于利希研究中心正在“未来信息技术专题”中研究极有前景的忆阻器（memrisistor）。这些微小电子器件能因超短电脉冲的激发而实现在高阻和低阻之间的跳跃变化。采用这种微小电子器件储存信息仅需要当今 USB（universal serial bus，通用串行总线）闪存的千分之一能耗。

面向未来的技术

开发新技术的巨大机会在于将不同学科结合起来，如物理、生物、医学和工程技术科学。在不久的将来能够制备出事先就能确定性能的纳米材料，其表面结构有助于节能、保护环境或者让医用植入物具有更好的生物兼容性。这个领域的研究把材料和纳米科学、信息与通信技术同生命科学连接到了一起。研究人员在“先进工程材料”专题中已经开发出全新的用于轻型车辆的合金、用于分离二氧化碳及处理污废水的过滤膜。如今，可以人工合成各种高分子材料，通过添加更多的新功能和新特性改善人们的生活。

为了有效干预活体生命，需要对生物系统最小生命单元细胞施加影响。为此，需要深入理解活体生物系统中分子与细胞界面之间的相互作用。于利希研究中心和卡尔斯鲁厄理工学院的研究人员正在研发可以精准控制细胞行为的创新材料与技术。此外，他们将基于以应用为导向的、来自软物质、分子和细胞生物物理领域的基础研究成果，开发出治疗疾病的新战略。

纳入同一框架：本研究领域的结构

关键技术这个研究领域处在时时变化之中，亥姆霍兹联合会需要在新千年之交界定自己的关键技术的内容，而当时科研人员完全分散在不同的领域从事各自的研究课题。为了打造新的科研结构需要克服两大障碍：一方面，在这次即将设立的科研领域需要找到无论是在体量上还是重要性上来看，都能与医学健康、能源研究领域中的大课题形成竞争力的独立的新课题；另一方面，要从内容上予以澄清，怎样把一个此前已经有很多研究所和研究中心从不同角度开展着关键技术研究的科研领域组织起来。

作为讨论结果，亥姆霍兹联合会决定将纵向与其他领域交叉的关键技术研究开辟为一个独立的科研领域。本领域的活跃成员单位包括于利希研究中心、卡尔斯鲁厄研究中心（即今天的卡尔斯鲁厄理工学院）及亥姆霍兹吉斯达赫特材料与海岸研究中心。这个新研究领域内的研究人员自开始就一直聚焦在具有典型大型科研仪器特征和高度复杂性的领域，如科学计算及微米、纳米科学。

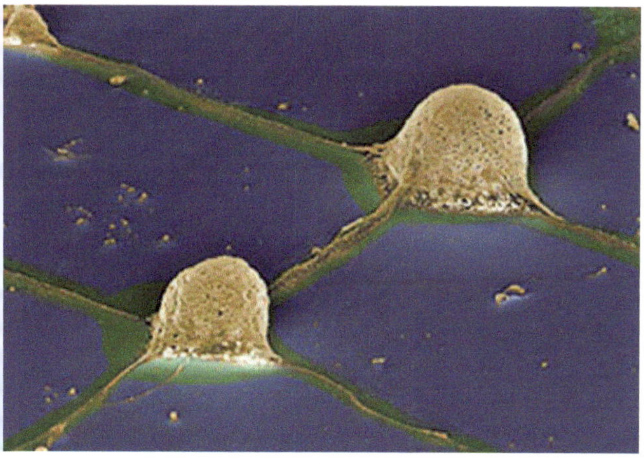

生物电子工程师在科研中让神经细胞长到电子元器件上。根据实验设计，芯片上的电极将细胞的电子或生物化学信号转化为电流或电压。获得的信号揭示了细胞间的通信
图片来源：于利希研究中心

探索和再现荷叶效应（salvinia effect）：技术性地利用叶面和水之间的气垫能使未来船运更为节能
图片来源：卡尔斯鲁厄理工学院/Forest&Kim Starr@wikimedia.org/T. Schimmel

HZG的镁研究：同样结构和尺寸的镁要比钢轻3倍，比铝轻1.5倍
图片来源：HZG/C. Schmid，汉堡

用热轧法把熔化的镁轧成板材：使用镁的配件可以让车辆轻量化、从而节省燃料
图片来源：HZG/C. Schmid，汉堡

关键技术领域概览

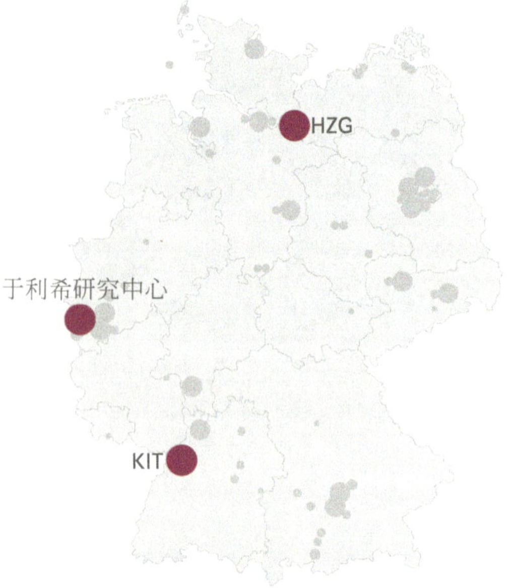

有3家亥姆霍兹研究中心涉足关键技术领域：于利希研究中心、亥姆霍兹吉斯达赫特材料与海岸研究中心（HZG）及卡尔斯鲁厄理工学院（KIT）。

本领域除2个综合性的专题计划：未来信息技术（基本原理、新概念、能源效率与技术），创新与社会（与能源研究领域一起），另外还包括7个专题：超级计算和大数据研究、纳米科技研究、先进工程材料研究、Biosoft——软物质及生命科学领域的未来技术的基础研究、技术与药学中的生物界面研究、脑科学研究、生物经济领域的关键技术研究。

应用：关键技术如何改善生活

本领域重要课题的最新进展见各类媒体。几乎天天都会有关于超级计算、大数据管理与分析、关于纳米技术和生物经济新动向的文章出现：人们确实满怀期盼，希望很快就有新材料能挽救人的生命。就世界人口的不断膨胀及自然资源的过度开发，人们正在寻找有助于优化生物资源、实现粮食可持续生产和基于生物原材料的生物经济学方案。关键技术业已在其他领域取得了突破：飞机制造业早已用上由亥姆霍兹吉斯达赫特材料与海岸研究中心开发的超轻材料。未来几年，飞机机身的传统铆钉拼接将被一种特殊的激光焊接工艺所取代。单个部件可以通过这种方法直接连接起来，从而显著降低成本和飞机重量。正如卡尔斯鲁厄理工学院的研究人员所展示的，纳米颗粒可以降低能耗：他们开发的纳米颗粒可以改善表面结构，从而减少水的摩擦，并因而降低如船舶行驶的能耗。

关键技术研究领域如今涵盖了纳米科学、微系统技术、生命科学乃至自然和工程科学，直至宏观世界。亥姆霍兹联合会研究人员把基础研究和具体应用摆在同样重要的地位。对于本领域的研究人员而言，在与其他科研领域的结合点上，如医学健康研究、能源生产和存储，交通、气候研究和海洋研究等，时时不断地在产生新的科研题材。

在纳米级的磁性涂层上出现磁性旋涡。这些旋涡中心的磁化可由短暂电脉冲闪电般地转换。下面计算机模拟显示的就是这个过程。这类结构在未来微型化的数据存储器中可以用作比特
图片来源：于利希研究中心

带来诺贝尔奖的效应

于利希研究中心的物理学家彼得·格林贝格（Peter Grünberg）与法国科学家艾尔伯·费尔（Albert Fert）因发现巨磁阻效应而分享了2007年诺贝尔物理学奖。几乎每个硬盘读写头的读取能力都是基于巨磁阻效应。彼得·格林贝格的科研还开辟了纳米电子学的自旋电子学领域。如今，于利希研究中心开设有彼得·格林贝格研究院，从事理论和实验研究的科研团队在这里融合了固体物理学、薄膜物理学、表面和界面研究及材料科学等不同学科方向。

亥姆霍兹联合会与其 18 个国家研究中心

亥姆霍兹联合会的科研特点是结合了人与课题、创意和新的研究方法。亥姆霍兹联合会及其旗下的 18 个国家研究中心凭借 4 万名雇员和高达 45 亿欧元的年度预算是德国最大的科学机构。亥姆霍兹联合会的科学家跨城市、跨学科地开展了广泛深入的科学合作，并旨在为当下及未来的社会难题找到解决方案。

他们的研究课题覆盖了从基本粒子物理学直至生物细胞水平的不同对象，运行使用复杂的也向国际科学家开放的大型科研仪器。在亥姆霍兹研究中心的科学家所研究的都是人类面临的巨大挑战：如何保持并有效地利用环境、可靠的原料及能源供应体系、现代化的全球移动性、未来的信息技术、健康的生命、预防自然灾害和治疗疾病，同时也从空间与时间维度认知我们的宇宙。

在世界上最冷和最热的地方，这些研究中心都开展了怎样一些小课题和大项目，在接下来的章节里我们将展示亥姆霍兹联合会各个成员单位多彩的剪影。

从南极到北极

阿尔弗雷德·魏格纳研究所暨亥姆霍兹极地与海洋研究中心（AWI）

破冰船——对于协调全德国极地科研并且在名字里嵌有海洋二字的研究所来说，这或者也是最恰当形象的标志了。北极星号破冰船定期地往返于南极或北极的途中，它不仅频频到访北极，甚至还在南极度过整个寒冬。世界上只有为数不多的船只可以承受如此的极端环境。

北极星号破冰船是德国科研用的破冰船。它既是科研平台，又负责为偏僻遥远的极地监测站提供给养，是德国海洋研究的一面旗帜。地处不来梅港的亥姆霍兹极地与海洋研究中心（AWI）暨阿尔弗雷德·魏格纳研究所负责这艘面向全球极地科研的科考船的日常管理和运营。

阿尔弗雷德·魏格纳研究所的科研特点是强大的国际协作网络和从事题材极为宽泛的科研内容。

在阿尔弗雷德·魏格纳研究所内，生物学家、地质学家及气候学家开展紧密合作。他们研究大气、海冰、海洋和海岸。他们就深海、冰冠和极地一带的冻土层开展寻根究底的研究。除了北极和南极之外，他们也对北海及周边海岸地区进行研究，认识了解气候现象也日益成为科研工作的重点。

气候的未来走向

地球正处于一个剧烈的气候变迁过程之中，而极地和海洋是该过程的重要动力源。因此，极地与海洋研究所的一项重要任务就是向产业界与社会提供咨询建议。阿尔弗雷德·魏格纳研究所的科学家参与了若干个全球气候报告的工作。联邦政府应对全球环境变

在北极行驶的北极星号破冰船：AWI极地所科研人员在一次任务中考察海冰、熔化的水坑和冰盖下的海洋
图片来源：阿尔弗雷德·魏格纳研究所/M. Fernandez

一群参加国际人才培养计划的奖学金获得者：极地所生物学家正在介绍瓦登海的一项野外试验的安排
图片来源：阿尔弗雷德·魏格纳研究所/ T.瓦格纳

重要的长期数据——南极越冬者正在检查诺伊迈尔三号实验站的气象观测探测头
图片来源：阿尔弗雷德·魏格纳研究所/ T. Steuer

化科学咨询委员会（WBGU）的办公室就落户在阿尔弗雷德·魏格纳研究所之中。

此外，该研究所还负责协调亥姆霍兹联合会的地区性气候变化科研计划（REKLIM），它是亥姆霍兹联合会地球与环境知识平台（ESKP）的组成部分，后者是一个面向公众、政府部门及官方决策者提供有关全球环境变化风险与机遇的信息平台。AWI 还通过北海办公室、极地与海平面上升办公室、北极对话办事处而向政府和公众提供专业知识和服务，从而为制订国家和国际层面的可持续发展战略奠定可靠的基础。

要想了解未来的气候将会怎么样，就必须先了解地球的气候变化历史，并且能够正确地区分哪些是短期波动哪些是长期趋势。阿尔弗雷德·魏格纳极研究所的研究人员管理着许多个长年采集监测数据的观测站，并且也通过分析海洋沉积物和开采的冰芯获得古气象资料。对于极地研究所来说，在极端环境下进行现场考查研究也是同借助现代实验室装备和高性能计算机进行科研活动相当的日常工作。鉴于后勤供应对于极地与海洋研究的重要性，极地研究所还配备了可为国内和国际科学界服务的基础设施：从功率强劲的 2 万马力的北极星号破冰船，到科考飞机，再到全年有入驻的北极德 - 法极地研究基地（AWIPEV）和南极的诺伊迈尔三号实验站。

地处不来梅港的亥姆霍兹极地与海洋研究中心暨阿尔弗雷德·魏格纳研究所的主办公楼
图片来源：阿尔弗雷德·魏格纳研究所

机构一瞥

→各种数字

以德国极地科考先驱和发现大陆漂移的阿尔弗雷德·魏格纳的名字命名的 AWI 极地所成立于 1980 年，最初只有为数不多的几位科学家；如今，该研究所拥有 1000 多名员工，大多数人是在地处不来梅港的研究所本部，此外也在波茨坦、黑尔戈兰岛和叙尔特岛有外设部门。由于“家庭式的友好”气氛，极地研究所吸引了来自世界各地的优秀青年科学家。

→装备情况

除拥北极星号破冰船之外，AWI 极地所还有 Heincke 号、Uthörn 号和 Mya Ⅱ 号科考船。在南极的考察站有诺伊迈尔三号实验站、Kohnen 站和达曼（Dallmann）实验室，在斯皮兹柏根（Spitzbergen）有德 - 法极地研究基地（AWIPEV），另外还有极地 5 号、6 号科考飞机，这都是 AWI 极地所的重要基础设施。此外，AWI 极地所还投资开发可用于地球观测、深海研究、水产养殖及轻质仿生结构等领域的新技术。

→良好的授课服务

HIGHSEA（High School of Science & Education @ the AWI） 是 AWI 极地所高中科学与教育课堂的缩写。高年级学生在这里能够近距离和全学科地品味自然科学，每年都有一个高中班学生来到 AWI 完成高中毕业考试。

科学的草坪

德国电子同步加速器中心（DESY）

什么是同步加速器？而一台同步辐射装置与超强纤维、疟疾及X射线激光器拍摄的“分子芭蕾”又有什么关系？对这些问题的回答只能去找地处汉堡的亥姆霍兹联合会旗下的德国电子同步加速器中心DESY，它是全球领先的加速器中心之一。

作为物质基础单元的微小带电基本粒子在这里被加速到极高的能量，DESY的研究人员随后利用它们解密最微观的世界是怎么构成的以及是以什么规律运行的。

德国在1960年开始建造第一台粒子加速器，并因为加速器而把机构命名为DESY同步加速器或同步辐射中心。在此之后又兴建了诸如DORIS、HERA、PETRA和FLASH等其他加速器相关装置，其中两台是世界上标杆性的最先进的光源：PETRA Ⅲ是正负电子串联环型加速器（PETRA）的升级版，是能产生X射线波段辐射的全世界最好的储存环，而FLASH则是世界上第一台X射线波段的激光器，能够产生超短脉冲的“软”X光。

粒子的世界

由DESY研究人员研制和建造的加速器与仪器设备大多是世界上独一无二的科研工具。利用这些设施和为数众多的其他大型装备，科学家得以窥探丰富的微观粒子世界——从最小的基本粒子间的相互作用，到新型纳米材料的性能，再到在生物分子间发生的生命活动过程。

在PETRA Ⅲ的X射线实验站的测试平台上研究新型太阳能电池
图片来源：DESY

自由电子激光器（FLASH）的加速器隧道。电子在黄色的模块单元里被加速到接近于光速
图片来源：DESY

德国电子同步加速器中心有 3 个相互交叉的研究重点。

- 加速器：DESY 自行研制、建造并运行加速器装置，以把粒子提升到最高能量。
- 光子学相关研究：物理学家、化学家、地质学家、生物学家、医生和材料科研人员利用来自粒子加速器的 X 射线光源，透视微观的物质结构及其变化过程。
- 粒子物理学：DESY 的科研人员与全世界合作，研究宇宙的基本构造和各种力。

在 DESY 把光子和粒子结合起来用于科研，这在欧洲是第一次。为此，该研究中心成为国内和国际合作中十分受欢迎的伙伴——不论汉堡的欧洲自由电子 X 射线激光器（XFEL）（2016 年投入运行）或者南极的国际中微子观测装置 IceCube(中微子观测站)。为了开发能服务于社会的新技术，DESY 还与工业界和经济界开展协作。

“超强纤维”是怎么回事？DESY 的一个科研团队开发了一种新方法，可以造出比钢还结实的纤维素螺丝。“疟疾”呢？科学家在 PETRA Ⅲ 光源上破译了疟疾寄生物的关键性的蛋白质标志。“分子芭蕾”呢？借助于 X 射线激光器，研究人员把一群自由分子送到了“舞台”上并使它们同步列队。这张独一无二的照片指示了对超快分子进行动态研究的一条路径。

机构一瞥

→数目庞大

在 DESY

· 有约 2300 名科学工作者，其中有 100 多名培训生，大约 700 个硕士生、博士生与博士后；

· 每年有来自 40 多个国家的约 3000 名客座科研人员；

· 科研园区设在汉堡和柏林附近的措伊滕。

→奖励

2009 年诺贝尔化学奖颁给了阿达·约娜斯（Ada Yonath）和她的两个同行——她们曾在 DORIS 加速器进行实验，这些生物化学家借助 X 射线对生命中一个关键的分子核糖核酸进行了彻底研究，并因为解码其结构而摘得这个最高荣誉。

→贴近应用

通过 DESY 的光源能够在原子量级上精确地解码生物分子，这对新药研制十分重要。新材料、太阳能电池或医用植入物都可以用 X 射线下进行仔细观察。

地处汉堡西部的DESY俯视图，远处的背景是汉堡市和汉堡港
图片来源：DESY

为了没有癌症的人生

德国癌症研究中心（DKFZ）

公元前 400 年，一个被肿胀蔓延的血管密密包裹的胸部肿瘤让希腊医生希波克拉底联想到“张牙舞爪的螃蟹”，他形象地把这种疾病称为癌症。时至今日，德国每年约 50 万人罹患恶性肿瘤，并且这是德国人的第二大死因。地处海德堡的德国最大生物医学研究机构的德国癌症研究中心把癌症作为主攻方向。

目前，这里有 3000 余位员工，分布在 90 多个专业化的部门和科研团队，他们研究肿瘤怎样产生，存在哪些影响疾病的风险因素。他们面临的一个巨大的挑战是，尽管都是癌症，相互之间却极为不同；而且，同一种癌症在不同患者身上的症状表现经常也不同。所以，DKFZ 的研究团队致力于开发新的诊疗方法，以期能够个性化地更好地识别和治疗肿瘤，他们也寻找有效的预防措施。

癌症信息服务中心（KID）的服务人员向患者、家属及感兴趣的公民讲解癌症知识。德国癌症研究中心与海德堡大学附属医院共同成立了海德堡国家肿瘤疾病中心（NCT）——这里把有关癌症研究获得的有前景的诊疗方法转入临床应用。德国癌症研究转化联盟（DKTK）是 6 家德国医学健康中心之一，德国癌症研究中心通过这个框架与 7 所高校伙伴单位共建了转化医学中心。高校医学院与一家卓越的亥姆霍兹联合会研究中心进行高水平的科研合作，是改进癌症患者治疗效果的重要措施。

荧光染色可以标识肿瘤细胞，并将其与健康组织区别开来
图片来源：德国癌症研究中心/F. 比尔施泰特

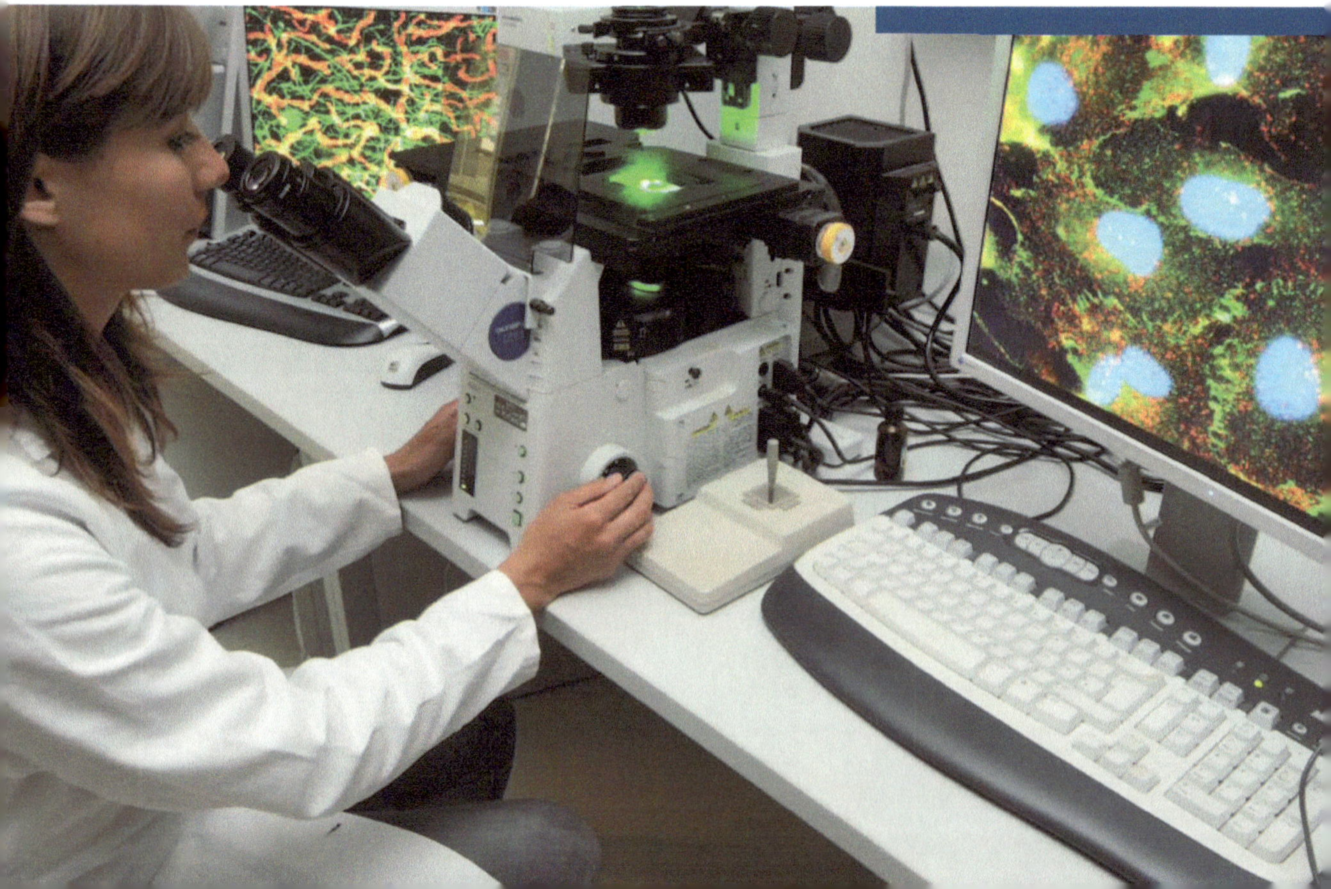

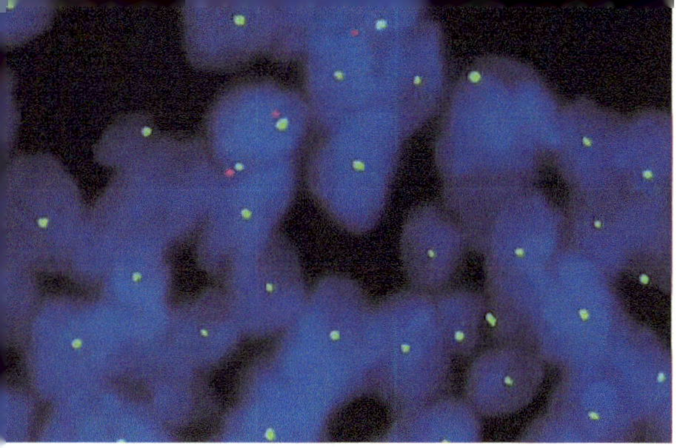

研人员只需要简单地观察脑瘤切片中的红色及绿色的荧光信号，就能识
遗传物质的损失
片来源：DKFZ

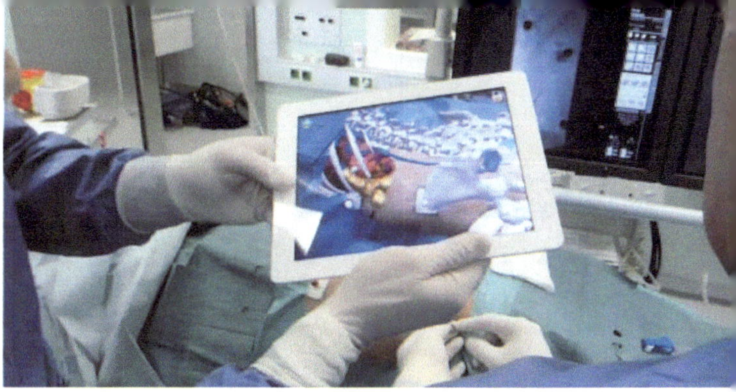

装有手术导航软件的平板电脑（SurgeryPad）可以辅助外科医生进行微创手术
图片来源：DKFZ/M. Müller

高度专业化

在海德堡建起一个从事癌症研究的国家中心，这个倡议可以追溯到海德堡外科医生卡尔·海因里希·鲍尔（Karl Heinrich Bauer）。他自20世纪20年代起，就开始专注于肿瘤手术了。1964年，在海德堡举行了德国癌症研究中心的落成典礼，后者随即成为德国大科学中心协会（1995年改名为德国亥姆霍兹联合会）的成员。德国癌症研究中心从一开始就是亥姆霍兹联合会旗下研究机构。

当前，该中心有7个重点研究方向：

· 细胞与肿瘤生物学研究的是，倘若遗传物质发生了某些不可再修复的改变，进而使病变细胞不受控制地生长，那么在细胞里面究竟发生了什么？

· 基因组学则力图发现，在遗传过程中需要出现哪些及多大量的变异才会导致细胞生长失去平衡。

· 引发癌症的特殊风险何在？如何尽早诊断或预防癌症？这又属于癌症风险因素及预防研究的重点。

· 肿瘤免疫学的研究重点在于搞清楚癌细胞是如何绕开人体防御系统的？

· 有些病毒也会诱发癌症，感染和癌症研究的重点就在于某些传染性颗粒到底是如何引发疾病并且是如何抵御抗体的？

· 癌症研究的转化医学的重点是研究人员和医生如何共同把基础研究的成果移植到临床附属医院。

· 成像和放射肿瘤学的科研重点是用新方法更好地诊断癌症并使放射治疗适合于每个患者。

机构一瞥

→各种数字

德国癌症研究中心

· 有3000多名员工；

· 分布在90多个专业的研究部门和团队；

· 还有25个青年科学家团队。

→信息服务

面向患者、家属和专业人士：德国癌症研究中心的癌症信息服务中心（KID）为患者及其亲属提供基于个人情况的有针对性和可靠来源的数据，向媒体提供重要的背景信息。该部门的电话号码为0-800-4203040，可供每周7天免费拨打。

→奖励

人乳头瘤病毒能够引发宫颈癌，这是女性第三常见的癌症。基于这一重大发现，哈拉尔德·楚尔·豪森（Harald zur Hausen）获得了2008年诺贝尔医学奖。在德国癌症研究中心原董事会主席豪森多年辛苦的研究成果基础上，现在终于找到了预防和治疗宫颈癌的新方法——2006年即投入使用的人乳头瘤病毒疫苗。

2014年，斯特凡·赫尔（Stefan Hell）因研制出破天荒超高清荧光显微镜而荣获诺贝尔化学奖。该项技术可以使医疗人员看清活体细胞的纳米分子结构。赫尔本人是哥廷根马普生物物理化学研究所所长，同时兼任德国癌症研究中心的研究室主任。

哈拉尔德·楚尔·豪森教授，2008年诺贝尔医学奖获得者
图片来源：DKFZ

斯特凡·赫尔教授，2014年诺贝尔化学奖获得者
图片来源：马普学会

德国癌症研究中心主楼
图片来源：DKFZ

志存高远

德国航空航天中心（DLR）

德国航空航天中心的任务就是在航空航天、能源、交通和安全等领域开发 21 世纪新技术。德宇航的科学家与工程师研究太空，为保护环境和未来能源供应、移动性、安全和通信而开发新技术。他们的业务贯穿于从基础研究直至产品开发的各个环节，着眼点是要解决各种社会挑战。

德宇航的一个突出项目是在国际空间站（ISS）上的科研活动。德宇航参加了德国和国际关于太空开发和利用，以及对微重力条件下生命特征的航天科研任务。

例如，在国际空间站，对由各种液体充分混合制成的乳化液进行了微重力环境下的观察，目的是要在地面上生产更好的食品。青少年也成群结队地访问德宇航，而且不限于待在 10 个德宇航 - 中学实验室里：根据学生的建议，德国宇航员亚历山大・格尔斯特（Alexander Gerst）用吸管和洗发水观察肥皂泡在太空中是否可以永存不灭；而在国际空间站吹出来的肥皂泡确实稳定性惊人，寿命要比在地面上长很多。当然，这项实验也有科学价值，即探索工业泡沫的稳定性。正是借助了德宇航的开发和测试设备，欧洲才能用自己的运载系统把卫星发射上天，进入环绕地球的轨道。

菲莱，作为首颗彗星着陆器被罗塞塔彗星探测器投送到“67P/楚留莫夫-格拉希门克”上
图片来源：欧空局/德宇航

由空中客车A320-232改装的“D-ATRA”是德宇航最大的科研飞机
图片来源：德宇航

在德宇航哥廷根的隧道模拟装置上对未来高速列车的行驶表现进行研究
图片来源：德宇航

有能力和高效率

德宇航的研究人员也做“接地气”的课题。例如，他们在交通研究项目VABENE++（空对地交通监控模拟系统）中研制出了一款新型的交通监控照相系统，它不仅能在发生重大交通事件或自然灾害的时候有效监控交通系统，还能引导救援力量迅速抵达现场。在能源研究方面，德国航空航天中心燃烧技术研究所的科研人员为生物质发电厂研制出新的燃烧炉，该系统可以实现木质废料和落叶的高效率及低排放燃烧，这些东西在做田间和林区清理时常常大量堆积却从来无法利用。作为与欧洲委员会和航空工业合作的“清洁天空计划-2”项目中的合作伙伴，德宇航开发了可以使欧洲飞行更为环保的新技术：更低的有害物质排放、更低的噪声和更高的能量功率。

德宇航的许多大型装置为科学家提供了探索待解课题的良好环境，如用于研发高速列车的在哥廷根的举世无双的弹射器。科学家在那里研究当高速列车以极高速度驶入隧道时会发生什么事情。核心研发任务之一是研制新一代高速列车——噪声更低、更舒适、更安全而且有显著提升的能量效率。

机构一瞥

→各种数字

德国航空航天中心算起来已经有100多年历史，它从1997年起更换为现在的名称。它目前有

- 8000名员工；
- 分布在16个地点；
- 32个研究所、测试单位与装置运行部门；
- 大本营设在科隆；
- 参与了若干个国际试验装置；
- 在布鲁塞尔、巴黎、东京和华盛顿4个城市设有办事处。

→永不缺席

“罗塞塔”和“吉祥物”-马斯科特（Mascot）航天任务、德国气象科研飞机“HALO”和大气研究、“城市低空交通”-MyCopter项目（欧洲科研计划）和飞机噪声研究、移动性应用平台和下一代火车等，这都只是德宇航所从事或是参与的部分任务或项目。更多情况请登录www.dlr.de。

→走出学校

走进实验室：10个德宇航-中学实验室向学生提供了一个自己去探索神奇世界的机会。德宇航的青年门户DLR_next提供了学生实验、大学生实践及博士生人才计划等全方位的内容。

位于科隆的德宇航本部
图片来源：德宇航

对抗失忆的科研活动

德国神经退行性疾病中心（DZNE）

当阿洛斯·阿尔茨海默（Alois Alzheimer）医生请患者奥古斯特·登特（Auguste Deter）书写个“八”字的时候，登特边写边说：“我可以说简直忘了自己是谁了。”在登特病逝后，阿尔茨海默 1906 年详细描述了她的病情——这个病今天就以他的名字命名。阿尔茨海默病是 DZNE 的研究重点之一。

阿尔茨海默病与帕金森病都是最典型的神经退行性疾病。在德国约有 150 万人罹患了这两种疾病或者某种其他形式的痴呆症，每年新增病例约为 30 万起。鉴于社会显现日益老龄化的趋势，该数字亦将持续上升。根据 2013 年《世界阿尔茨海默病研究报告》预言，到 2050 年全球痴呆病患者人数将翻 3 倍以上。为此，德国联邦政府在 2007 年夏季决定，成立一个从事神经退行性疾病研究的单位作为一个新的亥姆霍兹研究中心。新成立的 DZNE 在许多方面都有唯一性：它根据科研题材而把 9 个不同地方科研团队组织在一起开展交叉学科的研究，DZNE 也是全德国从事上述疾病及其关联病症的唯一非高校研究机构。

DZNE 的科研人员分析研究各种脑病之间相同之处何在，不同之处又何在，目的是想开发出能够预防和治疗的新方法。这里格外重视的是各单个研究领域的密切交叉。在基础研究领域，DZNE 的科研人员着力研究神经退行性疾病的分子机理与细胞原因——也包括健康组织的相关机制；这对于新药物的研制而言十分重要。在对患者和试验对象的临床研究中，研究中心的科研人员努力把基础研究的成果转移到日常的临床诊治之中，以期改进对疾病患者的诊断。社会群体研究则旨在发现致病的危险因素——遗传的因素或某种特殊生活方式的影响等。

显微镜下的神经元：DZNE的科研人员研究神经退行性疾病的分子学因素
图片来源：DZNE/F. Bierstedt

护理研究的目标之一是确保居家的患者能享受到尽可能好的生活质量
图片来源：DZNE/ www.schmelz-fotodesign.de

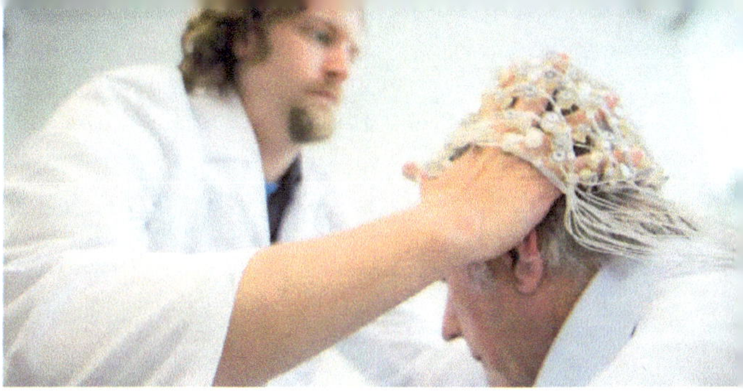

在临床研究中研制新的诊断、治疗和预防的办法
图片来源：DZNE/V. Lannert

为了更好的生活

护理研究最终将被用于照顾患者，提升患者的生活质量，给亲属和护理人员提供针对性的支持。这些任务目标的密切结合有助于把研究成果迅速地用到患者身上。

时至今日，阿尔茨海默病或其他痴呆病的患者还没有出现被治愈的先例。但是，在DZNE开展的这种有针对性的、协作式的研究有助于提供更加有效的预防和治疗措施，并且点燃了发现新疗法和新药物的希望。

DZNE在波恩的新建大楼（草案）
图片来源：沃尔夫建筑有限公司

机构一瞥

→各种数字

DZNE成立于2009年，

- 有800多名职员，
- 来自约50个国家，
- 包括70多个科学家团队，
- 分布在9个科研基地：柏林、波恩（也是管理机构所在地）、德累斯顿、哥廷根、马格德堡、慕尼黑、罗斯托克（格赖夫斯瓦尔德）、图宾根和威滕。

→转化医学研究

DZNE的科研活动分为4个重点：

- 基础研究
- 临床研究
- 病人护理研究
- 社会群体行为研究

目的是制定新的预防、治疗和护理措施，尽快地使患者可以享受到科研成果。这个把科研成果用于医学实践的对接被称作“转化医学”。

→丰富的合作

DZNE在其各个所在地与高校、大学临床医院和非高校科研机构保持着紧密的合作关系，并且也开展了与全世界的科研机构和工业伙伴的合作。

基础的、全面的和跨学科的

于利希研究中心（FZJ）

于利希研究中心着力在信息、大脑及能源和环境等领域从事能解决重大社会挑战的关键技术的研发。数据存储怎样变得更高效也更节能？如何广泛使用可再生能源？气候如何发生变化而人在其中又扮演着怎样的角色？如何能够早期识别和更好地治疗阿尔茨海默病或帕金森病等疾病？人脑是否又在何种程度上可以用作未来计算机的样板？于利希研究中心就是在为以上问题找解决方案，该研究中心拥有5500多名职员，是亥姆霍兹联合会乃至全欧洲最大的科研机构之一。

这里所积累的专门技能包括基于超级计算机的模拟、中子研究、高分辨率电子显微镜，以及生物技术、核物理、医学所需的成像技术和纳米技术领域的独特工具。此外，这里的科研人员还研究完全不同数量等级的科学现象：小至原子尺度，大到地球大小。于利希研究中心不仅注重探讨单个问题，而且也在更宽的范围、在自然科学之外，兼顾社会、经济和伦理等方面的影响。

于利希研究中心在1956年成立之初是定位于核科学研究的机构，它曾运营过两个用作中子源的科学反应堆，一台已经退役，另一台也正在拆解过程中。

亥姆霍兹纳米电子装备（HNF）是用于绿色微芯片/计算的纳米微电子学器件制备的核心技术平台
图片来源：于利希研究中心

蛋白质长链折叠形成的蛋白质空间结构，折叠错误会导致阿尔茨海默病等病症的发生
图片来源：于利希研究中心

超级计算机打开了单凭理论和实验所无法企及突破领域的大门。JUQUEEN是世界上性能最为卓越的超级计算机之一
图片来源：于利希研究中心

二者之一是当初为协助隔壁核实验堆协会（AVR）做技术研发而建的高温反应堆，该反应堆已经于1988年停止运行并由运营者完全撤除。于利希研究中心向AVR有限公司提供了重要技术支持，并且负责AVR核燃料元素的安全处置。

以系统整体为对象

于利希研究中心的科研人员为了化石燃料和可再生能源的转化和存储，对各种已知的能源方案都开展了广泛的研究。于利希研究中心环境与气候研究的目的是了解能源生产与转换过程对生态系统和气候所产生的可能影响，并开发出相应的气候模型。核废料的安全处置也是于利希的重大研究方向。

于利希研究中心的信息与大脑研究领域的对象，是要理解健康人脑的复杂过程，以期能够比现在更早地、更可靠地诊断和治疗神经退行性疾病。拥有大致860亿神经细胞的健康人脑是个超级庞大的控制中心，相比之下能耗却很低。搞清其工作原理就可能为信息技术提供新思路。此外，于利希研究中心的科学家也为研制未来计算机而开展材料和电子现象的研究。

机构一瞥

→各种数字：

于利希研究中心是欧洲最大的研究中心之一，它有

· 9个研究院，

·包含51个分布在能源与气候研究、生物与地球科学、信息与纳米技术、核物理、复杂系统、医学与神经科学、中子研究、模拟科学和超级计算及工程学、电子学和分析学等领域的专业研究所，

·2个国家项目监管评估单位，

·来自50多个国家的5500多名员工，

·200多个国内和国际合作伙伴。

→诺贝尔奖

可能最著名的于利希发明要算巨磁阻效应（GMR），它使单个硬盘实现千兆字节以上大容量的突破，并在此基础上奠定了重要的未来技术“自旋电子学”。因为这一发现，于利希研究中心科学家彼得·格林贝格与法国科学家阿尔伯特·费尔特（Albert Fert）共同分享了2007年的诺贝尔物理学奖。

眺望坐落在2.2平方千米园区中心的湖畔餐厅
图片来源：于利希研究中心

2007年度诺贝尔物理学奖获得者彼特·格林贝格
图片来源：于利希研究中心

从深海到大气层

亥姆霍兹基尔海洋研究中心（GEOMAR）

地球上最后的盲区是黑暗的深海——那里有许多人类尚未探索过的疆域、生物圈及变化过程。其实也不仅深海有许多科学的未解之谜，出于对气候变化的关注，人们也开展了越来越多的海洋与大气层之间、洋流起伏波动及历史上气候变迁的研究，并试图理解其相互关系。亥姆霍兹基尔海洋研究中心（GEOMAR）正借由最现代化的科研条件设施，继续书写着具有长久历史的基尔海洋科研的新篇章。

历史记载的第一次海洋科学实验是沙穆尔・莱荷尔（Samuel Reyher）于 1697 年在这个波罗的海海滨城市做的。这位数学家和物理学家在“破天荒的实验”中测定了基尔海域水体的含盐量。

在 19 世纪，德国系统地建设了一批观测点，包括成立了基尔普鲁士德国海洋科学协会。该组织的成员维克多・汉森（Victor Hensen）是名医生，起初只是“业余的”科学爱好者，他于 1883 年起开始出海对基尔湾做相关考察。汉森研究了在水中漂浮的微小生物，并首次提出了“浮游生物”概念，开启了生物海洋学的时代。如今，GEOMAR 的科研活动在德国是独一份的：它研究海洋中的化学、物理学、生物学及地质学过程，并研究海洋与海底及大气层之间的相互作用。GEOMAR 的重点研究领域集中在以下 4 个主题范围：

- 海洋在气候变化中的角色；
- 人类活动对海洋生态系统的影响；
- 海洋资源；
- 地球板块构造与海洋自然灾害。

JAGO号，德国仅有的载人科考潜水器正在潜水作业
图片来源：GEOMAR/JAGO团队

远程遥控的海洋深潜器ROV KIEL 6000正由德国太阳号考察船投放到东太平洋的水域——它是世界上少见的能对90%以上的海底进行考查研究的水下机器人
图片来源：B. Grundman

GEOMAR的团队专心于研究如海洋物种多样性及其衍变、生物地化的物质循环或者海床物质的迁徙，以及哪些地方可能由于地震而出现海底滑坡和海啸的风险，此外也十分关注对海底资源的研究，如矿产资源和天然气水合物。

研究未来的海洋

GEOMAR与基尔大学、世界经济研究所和穆特修斯（Muthesius）艺术学院合作组成了“未来海洋卓越集群”，并在其中发挥着关键作用。该集群的独到之处在于集成了来自海洋学家、地质学家、经济学家、医生、数学家、信息学家、律师及社会学家等不同人等的专业能力，为了实现可持续的世界范围的海洋管理而献计献策。

为了实现这个任务目标，GEOMAR依托了大型科研基础条件设施，该中心拥有：4艘科考船，德国仅有的载人科考潜水器JAGO号，深水机器人ROV KIEL 6000、ROV PHOCA和AUV ABYSS，以及各种长年观测站。

该中心在陆地上也拥有最好的科研设备：它的同位素分析设施在技术上是欧洲最先进的，它能使用性能卓越的大型计算机和德国最大的海洋科学图书馆——这都是为了最深入地揭秘深海所需要的最好科研条件。

机构一瞥

→各种数字

GEOMAR拥有

- 850多名员工，其中有来自40个不同国家的400位科研人员；
- 4艘考察船、诸多深海机器人和许多新颖的海洋技术；
- 活跃在国内和国际的多个专业委员会之中，建立了广泛的战略伙伴关系：如德国海洋科学研究联盟（KDM）、德国气候联盟（DKK）、全球海洋观测伙伴计划（POGO）和欧洲科学基金会（ESF）海事学部等。

→价值所在

海洋蕴藏着极为丰富的原料。富含各种金属的高温熔岩从海底深部涌出并形成海洋矿藏；海陆结合带的天然气水合物被视为未来新能源。因为科研活动覆盖全球，为了资源的环保和可持续利用，GEOMAR也开展相关生态系统的研究。

→成果显著

基尔的活性成分中心（KiWiZ）致力于从海洋中寻找可用来开发未来药物的活性成分。例如，有望从海绵和红藻中提取出可以帮助治疗癌症的药物。KiWiZ的活动覆盖了从采样到早期海洋药物开发的全部阶段。

坐落于基尔港湾东岸（原先的海鱼交易市场）的GEOMAR本部
图片来源：GEOMAR

通向新的未知领域的征程

亥姆霍兹重离子研究中心（GSI）

在宇宙之外又是什么？那里有哪些太空现象与天体，它们在外太空如何运动？自人类文明起步以来，人们就一直在搜寻关于各类宇宙事件的答案。这些认知直接影响我们关于人在宇宙中地位的判断。所以，天文学也是最古老的一门科学。但当今的研究已经远远不再是仅仅对星体进行观察：今天科学家甚至针对性地模拟宇宙中的某个状态，以便理解物质是如何构成的、宇宙是如何演化的，并探索医学与技术领域中的新应用——这正是亥姆霍兹达姆施塔特重离子研究中心（GSI）所在做的研究。

GSI 拥有一台世界上独特的用于加速带电粒子的大型加速器，科研人员由此掌握更多关于物质最内核的知识——从可见观察对象到原子，再到原子核，乃至夸克和电子这等最基础的物质构成单元。例如，化学元素是怎样在恒星内部和恒星爆炸时产生的？通过 GSI 加速器的实验，科学家甚至发现了元素周期表内排序 107~112 号这 6 个前所未知的化学元素。

GSI 另外一个科研方向是等离子体物理：在用很强的离子束流轰击气体时，就会产生高温和高密度的等离子体——这可以是部分或完全电离的离子和电子组成的粒子混合物。在恒星和大的行星内部都由这种粒子混合物构成。当科研人员人为模拟这种等离子体时，就能更好地研究在星体中都有发生哪些过程。

直线加速器（UNILAC）的阿尔瓦雷斯（Alvarez）结构内视图
图片来源：GSI/ G. Otto

实验储存环的磁铁（ESR）
图片来源：GSI/A. Zschau

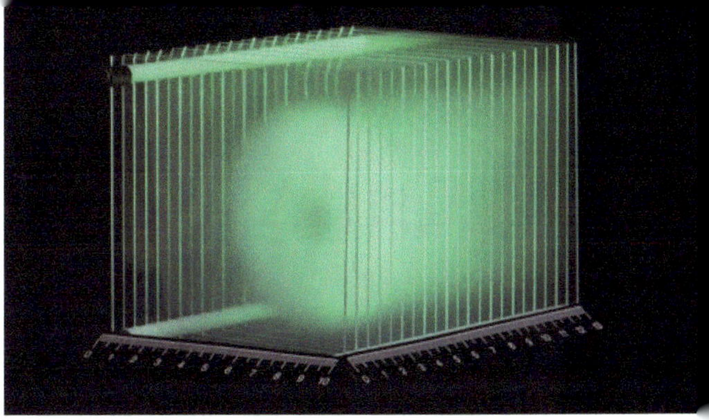

癌症治疗——肿瘤放疗的演示
图片来源：GSI/A. Zschau

GSI 加速器在地面上也有一些其他的用途。例如，在材料科学领域：当人们用离子束轰击固体材料时，材料性状会有所改变，这样可以制备出具有非常特殊性能的纳米结构。

用离子杀灭肿瘤

离子轰击也能带来医学的发展。科研人员在 GSI 加速器上共同研发出了一种新的肿瘤疗法，并且已经在海德堡离子束治疗中心（HIT）投入应用：1997~2008 年，已经在 GSI 对 440 多位患有头部和颈部肿瘤的患者做了治疗，而采用传统疗法已经根本无能为力。用加速的碳离子束辐照癌症部位能取得很好的效果：加速的碳离子束能够精确地作用于肿瘤组织却不伤及周边的健康组织。

重离子研究中心的科研人员还在继续做新的探索，因为还有许多亟待解决的问题。例如，群论中的所谓强力或色力是怎么发挥作用的，是怎样把夸克粒子束缚在一起的？人们可以怎样在加速器实验中短暂再现物质的原始形态，即宇宙大爆炸之后最早一刹那的物质状态——这是一个回归宇宙时间起点的实验性时间之旅，这是科学迄今尚未得以钻研的最初瞬间。

机构一瞥

→各种数字

GSI拥有世界上绝无仅有的

·3台大型加速器，每年供来自50多个国家近400个不同机构的1000多位科研人员使用。

FAIR：反质子与离子碰撞装置

“反质子与离子碰撞”（FAIR）建成后将输出前所未有强度和质量的超强光束。配置有超导磁体的双环加速器规模将超过一千米。而GSI的现有装置将变作前端加速器。这个项目的基建工程始自2012年，FAIR具有鲜明的国际化特点，项目合作国家包括了德国、芬兰、法国、英国（协作国）、印度、波兰、罗马尼亚、俄罗斯、瑞典和斯洛文尼亚等国家（译者注：字母为序）。

正在建造FAIR加速器的GSI
图片来源：GSI

世界是由什么组成的

亥姆霍兹柏林材料与能源研究中心（HZB）

两条路径，一个目的：亥姆霍兹柏林材料与能源研究中心（HZB）的研究人员借用光子和中子去钻研大自然的秘密。例如，某种材料的技术性能与其微观结构有关吗？或者获得具有特定功能的新颖材料，人们应该怎样在原子水平操纵材料的结构？HZB科学家尤其关注的是用于“能源制造”与“能源储存”的材料。为了找到答案，他们借助两套大型科研装置：柏林同步辐射电子储存环Ⅱ号（BESSY Ⅱ，亦称柏林光子源）和行将运行到2020年的BER Ⅱ中子源。

核试验堆主要用于中子相关实验：从反应堆芯释放出来的中子轰击到一个靶上，在那里被散射到各个方向，从而可以展示样本的结构。柏林中子源的科研优势在于它产生的是高纯净度的中子束，而且被轰击的样品能够夹放在超低温或超强磁场条件下。

BESSY Ⅱ是个光子源，是高亮度的同步光辐射。同步辐射是在把电子加速到接近光速，然后在将其弯曲为弧线时产生的发光。这样产生的辐射或者简单地说光束甚至可能要比阳光明亮数百万倍。在BESSY Ⅱ装置上安装着约50个实验台站；每年有来自世界各地的约3000名科研人员到HZB的BER Ⅱ和BESSY Ⅱ光源上开展科研活动。他们在这里能享受到特别专业的用户支持，在世界上只有极少数的单位可以同时提供光源和中子源的用户服务，并且借由同一个平台提交用户的实验申请。

透过BESSY Ⅱ光源的实验控制间眺望室外
图片来源：HZB

国际上独一无二的磁场强度在25~30特斯拉的新款强磁铁，正在从测试厅转运至最终实验安装位置
图片来源：HZB

可再生能源研究：在HZB的光伏创新力中心（PVcomB），正在把实验室研发的薄膜光伏电池放大为30×30平方厘米的模块。这里所见的是镀上了非晶硅薄膜的玻璃块
图片来源：HZB/P. Dera

此外，HZB 的科研人员也开发用于信息技术领域及新能源生产和能源存储系统所需的新型材料。例如，高效率并且便宜的光伏薄膜电池。这种薄膜的厚度连当下常规光伏电池的百分之一都不到。HZB 的科研人员研究多种纳米结构，希望能改善未来的光伏电池性能。HZB的科研人员为工业界做了一些示范线。他们还研究如何将太阳光转换成可以更方便存储的化学燃料。HZB 的专家首先把期望投向氢能。

用中子束和光束检测材料

材料的性能通常取决于最基本的分子结构。人们一旦掌握了原理和细节，就能开发出比现在更为紧凑、更有韧性、更牢靠、更轻便或更有效率的新型材料。像曲轴、焊缝直至火箭燃烧室等工程构件都可以借由中子源和光子源进行损伤、裂缝或者机械应力的检测。BESSY Ⅱ和 BER Ⅱ的用户还可以更好地看到自然现象：他们破译蛋白质结构，观察饮用西红柿汁的过程，揭示在 HIV（human immunodeficiency virus，人类免疫缺陷症）繁殖过程中有着重要作用的大分子的结构。生物学家和医学家希望在此基础上可以找到更有希望的艾滋病新疗法。

甚至文化界的专业人士也用得上 HZB 的大型仪器。借助中子或光子装置他们可以用更便宜和绝对无损的方法进行文物考证，如检验据称是大师画作的真实性、隐藏在画作内层的原作、分析化学成分、对古代文物进行断代等。例如，某个画廊的专家就借助 BER Ⅱ的中子放射成像技术在一幅提奇安画作的底层发现了残存的油画颜料，而且确定了某种特殊材料制成的黄颜色要比过去以为的早得多地用于了绘画。还有一个外来用户科研团队借助于 BESSY Ⅱ发现一块古老的内布拉玻璃片的原料来自欧洲多个产地。两条途径，数不清的用途——所以 BER Ⅱ和 BESSY Ⅱ的一分一秒科研时间全被填得满满的。

机构一瞥

→各种数字

HZB 有

- 1100 多名员工
- 分处在柏林阿德勒斯霍夫和万湖两个不同园区
- 以其世上所独有的研究条件每年吸引了近 3000 多位客座科研人员专程到柏林做实验。

→疗效奇佳

HZB 的科研人员通过与夏里特临床医院的密切合作，开发出德国独有的用于治疗眼部肿瘤的高能量质子刀。截至 2014 年已经治疗了 2500 多名来自德国和周边国家的患者。结果非常好：超过 97% 的患者眼部肿瘤被彻底消灭，并且大多数人都保全了眼睛和视力。

BESSY Ⅱ 实验大楼，每年都有3000多名科学家从世界各地来到柏林，借由 BESSY Ⅱ 和BER Ⅱ 装置进行科学实验
图片来源：HZB

从三方面为世界的明天做贡献

亥姆霍兹德累斯顿罗森多夫研究中心（HZDR）

研制用于治疗癌症的紧凑医疗器械或用于信息技术的智能材料——在“为美好的明天而做科研”的精神主导下，亥姆霍兹德累斯顿罗森多夫研究中心（HZDR）秉承了赫尔曼·冯·亥姆霍兹（Hermann von Helmholtz）的科研特点：开展基础科学研究并把研究成果转化为技术实践，他们在医学、物理学和化学 3 个领域架设了通达的桥梁。HZDR 的科研人员在能源、医学健康及物质三大领域从事科研活动，并相应设立了 3 个主要目标：合理使用能源与资源、更有效地治疗癌症和开发研制新型材料。

该怎样有效、安全地使用原材料和能源，不要使之消耗殆尽？这是当前的世界性重大前沿研究课题之一。HZDR 与弗莱贝格工业大学共建的亥姆霍兹－弗莱贝格资源技术研究所正在弗莱贝格研究各种新技术，重点包括如何把镓、锗或铟等战略稀有贵重金属材料更经济、更好地回收和利用——缺少它们就不能生产太阳能电池板、平板电视机或电动机。

作为有效节约能源的重要一方面，能耗大户应当充分利用工业余热，为此 HZDR 科研人员专门建造了热能液压试验装置 TOPFLOW（亦称流量管理应用系统）；另外一个被称为液态金属建模试验装置（LIMMCAST）则用于提高钢铁铸造的质量和能源效率。此外，未来还需要生产更多能量，部分来自于核能，如何确保欧洲反应堆未来更安全并就核废物存放提供更可靠的数据，这也是 HZDR 肩负的重要使命之一。

激光加速的质子束——这项新技术可以开发出用于癌症治疗的更为小巧紧凑的质子刀
图片来源：HZDR/R. Weisflog

强磁场实验为人们获悉周边物质的基础知识开辟了一条独特路径
图片来源：HZDR/J. Lösel

在离子束中心，人们用不同的粒子加速器制备用以开发新型电子材料的高能带电粒子束流
图片来源：HZDR/O. Killig

着眼于明天的材料

借由 HZDR 的大型仪器，HZDR 的科研人员着力开展现有材料的改进与新型材料的研发，以期为保障未来的经济发展与国民生活质量提供充分的技术支撑。例如，开发性能卓越、能量效率好的用于新式存储器与计算机技术的新材料，以满足不断增长的电子器件和设备的需求。许多科研项目都是在研究在极低温、极高压或非常小的尺度下新材料，科研人员为此需要借助高强磁场或强辐射试验装置。人们不仅注重基本物理现象的研究，同时也施加人为干预以期获得具有新性能的新材料。

如何才能使癌症更好地做到可视化、更好地确诊并做到更有效的治疗呢？通过正电子断层成像设备（PET）人们可以观察肿瘤内部，这里开发的放射性药物可以辅助提供更高质量的拍片图像或者可以在患者体内更好地靶向治疗肿瘤。HZDR 携手德累斯顿的科研人员在德国家肿瘤放射研究中心（OncoRay）探究如何改进癌症的放疗，希望开发出一种定位于未来、基于激光技术的新一代质子刀。为此，科研人员目前正在建造一台欧洲最强功率的激光器。

虽然以上这些研究领域相差很大，但它们相互之间在方法上和装备上又是相互关联的，非常符合赫尔曼・冯・亥姆霍兹科研精神：按这位大科学家的遗训，只有把不同学科团结在一起，才能实现精神力量的健康平衡。这是至今依然有效的做人做事的方法。

机构一瞥

→各种数字

自 2011 年转入到亥姆霍兹联合会的 HZDR 拥有

・约 1000 多名雇员，其中有 500 多名科研人员，分别来自 50 多个国家；

・该科研中心分布在德累斯顿、弗莱贝格、莱比锡和法国格勒诺布尔 4 个地区。

→环境优越

HZDR 的本部是自 2002 年以来一个持续稳定发展的“绿色园区”，分别体现在：抗噪与保温节能的建筑、优化节能的发电与用电、一座现代化的污水处理厂、生态环保的水利用技术、林木保护与替代种植、更好的自行车骑行环境等一长串内容。

→大的特色

HZDR 凭借多个大型科学装置参与和支持了国际科研合作：对于来访的科研用户，除了与德累斯顿工业大学共同运行的 PET 中心之外，还有用于先进材料研究的高功率光源 ELBE 中心、离子束中心及德累斯顿强磁场实验室可供使用。

HZDR俯瞰图
图片来源：HZDR/J.-M. Schulter

与感染赛跑

亥姆霍兹感染研究中心（HZI）

自从近百年前发现了青霉素以来，抗生素虽然抑制了许多疾病，但是越来越多的细菌病原体却因为变异、适应而获得了对抗生素的耐受性。多重耐药菌正成为医院中最可怕的病原体，对于多重耐药病菌的感染与漫延，医生很多时候几乎、甚至完全没有什么有效的治疗方案。像甲氧西林抗性金黄色葡萄球菌（methicillin resistant staphylococcus aureus，MRSA）这类革兰氏阳性菌，还有"超广谱-ß-内酰胺酶(ESBL)这类革兰氏阴性菌及耐碳青霉烯类肠杆菌（CRE）等，每年都在医院里引起许多感染，甚至夺走病人性命。

加剧传染病漫延的也不仅仅只是对抗生素的耐药，也包括日益严峻的人口老龄化趋势，此外人口流动的增加及气候变化等因素都使病原体得以更加容易传播. 自20世纪40年代以来，现代医学虽然总在进步，可是新的传染病还在增加，而且常见病原体的攻击力亦在增强。而今世界上约1/5的死亡是感染造成的。因此地处布伦瑞克的亥姆霍兹感染研究中心（HZI）把应对这项医学挑战作为自己当仁不让的使命。

耐药金色葡萄球菌（Staphylococcus aureus）是一种可怕的病原体，多种抗生素都对它完全失效
图片来源：HZI/M. Rohde

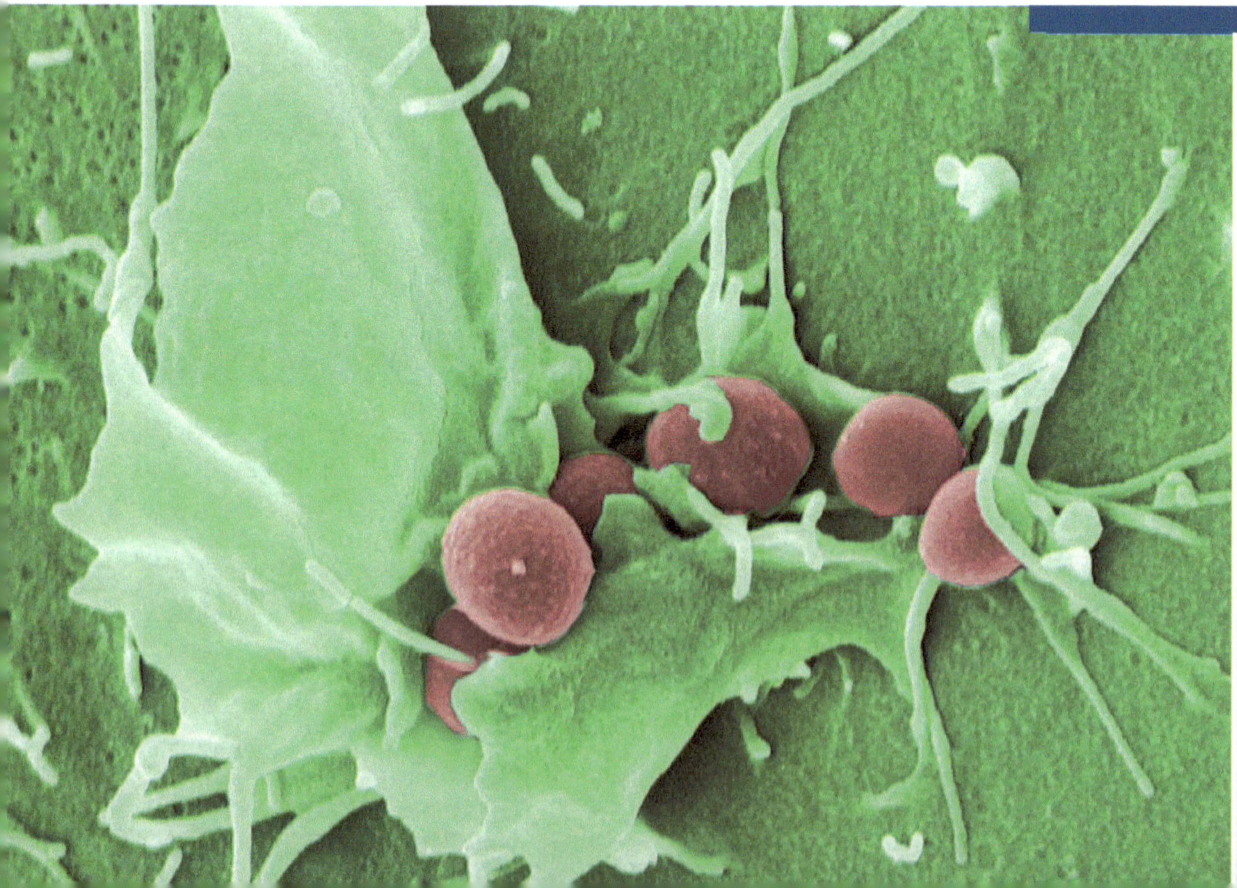

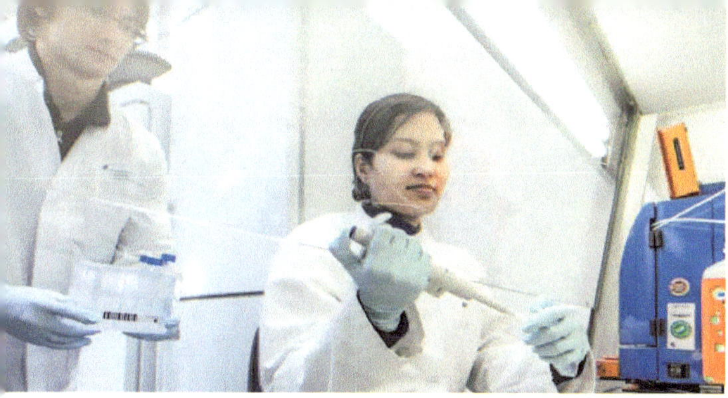

不同国家的科研人员汇聚HZI，借由最现代的技术和联合团队开发对抗感染的新战略，希望在对抗感染的战役中取得胜利
图片来源：HZI/T. Steuer

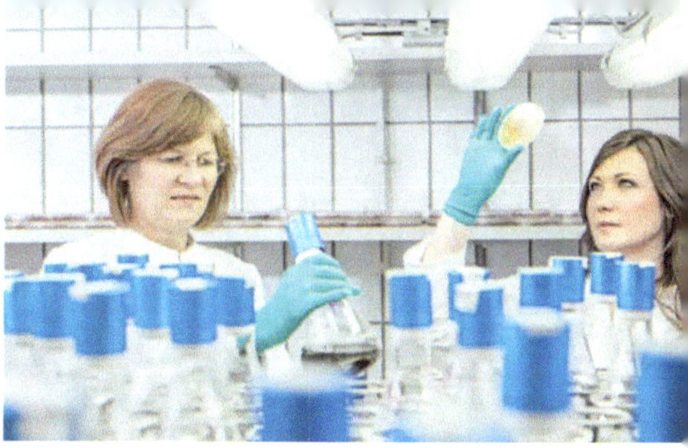

天然产物是研发新型抗感染药物的渠道之一
图片来源：HZI/T. Steuer

HZI 的科研人员开发各类感染的诊断、预防和治疗的新战略。他们在实验室里观察病原体怎样发动对人体的攻击，免疫系统又怎样回应这些攻击；他们对病原体攻击寄主的“武器”进行分子结构学的分析，希望找到抑制细菌活性的办法。他们希望从丰富的天然产物中发现新的抗感染有效成分。HZI 的科研人员还研究细胞组织的感染、实验动物模型、人体样本，并通过复杂的计算机模拟掌握病原体感染的机制：感染究竟是怎么回事？而人体免疫系统又是怎么反应的？一些细菌或病毒是因为什么演变为病原体的？为什么有人特别易于感染，而其他人却能对感染表现出耐抗性？我们怎么做才能控制和治愈感染和疾病？为了解答上述问题，HZI 与汉诺威医学院在共建的 Twincore 研究所紧密合作。他们希望能把最新的基础研究成果迅速转化为用于医疗实践的新疗法或新的诊断方法。

HZI 及亥姆霍兹萨尔州药学研究所（HIPS）的科研人员业已证明，人类在与感染的比赛中至少可以获得一时的领先：他们从土壤黏细菌中分离出 2 种有效成分，都能高效对抗病原体。在此基础上，现在已经研制出了对抗多重耐药菌的新药物。

机构一瞥

→各种数字

HZI 有

· 约 830 名员工，包括来自 40 个国家的 180 名客座科研人员；

· 本部设在布伦瑞克；

· 人员还分布在萨尔布吕肯亥姆霍兹萨尔州药学研究所，在汉诺威设有实验与临床感染研究 Twincore 中心，汉诺威教学中心。

占地达9.6万平方米、地处布伦瑞克南郊的HZI
图片来源：HZI/P. Sondermann

→接种疫苗

很多年来，科研人员都在寻找把疫苗注入人体的其他替代方法。HZI 和亥姆霍兹萨尔州药学研究所的科研人员共同推出了一种新方法：借助体毛毛囊把疫苗输入体内，并获得免疫效果。经纳米颗粒包裹的疫苗能够沉淀在患者皮肤的皱褶或毛囊中，然后无损地穿透皮肤实现接种目的。生产这种霜剂的疫苗从价格上要比迄今的针剂疫苗便宜许多，而且无须专业训练的护士。这种疫苗对发展中国家有效控制流行病的扩散非常有用。

平衡自然与社会

亥姆霍兹环境研究中心（UFZ）

我们的生活环境将来还安全吗？我们将来应该如何与环境相处，而这又会直接带来什么后果？我们已经有能力应对全球环境、气候变化的挑战吗？1991年成立的亥姆霍兹环境研究中心（UFZ）的科研人员正在针对上述问题寻找可持续和全面的解决方案。

UFZ的研究工作集中在陆地环境下——尤其是人口稠密的城市、工业地带、农业地区及城乡结合地区。科研人员研究的问题包括未来的土地使用、生物多样性保护和生态系统修复、土壤和水资源的可持续管理及各种化学品对人与环境的影响等。只有更好地了解生态系统的复杂性及其过程——从单个生物组织层面直至地区性的大尺度——才能对其做到更好的管理。

解决上述问题的先决条件是要开展综合研究，要跨越自然科学与社会科学之间的学科界限，尽力说服政界、经济界与社会决策力量共同参与。只有共同合作，才能在经济与社会发展一侧和长期有效保护自然资源的另一侧之间找到平衡点。

哈茨地区霍尔斯霍兹观察站点的山毛榉混合林是亥姆霍兹陆地环境观测网络（TERENO）的组成部分。UFZ的研究人员在这里通过水文、大气、生物多样性及土壤物理学的观测网络，观察土地使用的改变和气候变化怎样影响生态系统中的碳循环与水循环
图片来源：UFZ/A. Künzelmann

UFZ的科研人员已经参与了以色列、约旦、巴勒斯坦与德国的多国合作项目十余年，主要研究中东地区日益匮乏的水资源，并与当地决策者合作制定水资源可持续管理解决方案
图片来源：UFZ/A. Künzelmann

全球科研活动的核心

在 UFZ1992 年成立后的第二年，在里约热内卢召开的联合国环境与发展会议（United Nations Conference on Environment and Development，UNCED）为讨论全球环境问题树立了一个里程碑。与会各国共同签署了《联合国气候变化框架公约》（United Nations Framework Convention on Climate Change，UNFCCC）和《联合国生物多样性公约》（CBD）。为了两个公约的实施、完善和具体化执行，各国政治家、科学家和民间代表仍然还在艰难的磨合过程中。UFZ 以多种方式参与形形色色的在科学与政治结合面的国际、国内和欧洲联盟层面的相关活动，通过提交优秀的自然科学与社会科学成果，对国际决策委员会施加了影响，对于水和生物多样性领域的跨机构平台予以了协调，并且在编写气候和生物多样性领域的国内与国际大型评估报告时发挥了引领作用。

例如，UFZ 的科研人员参与了 2014 年版的第 5 期《世界气候报告》的编写工作。全球生物多样性委员会（Intergovernmental Science-Policy Platform Biodiversity and Ecosystem Services，IPBES）还聘请了 UFZ 的科学家，参与编撰了自 2016 年起陆续发表的各相关领域的研究报告。

机构一瞥

→各种数字

UFZ 有 1100 多名员工，其中包括 450 多名科研人员和 250 名博士研究生，其本部在莱比锡，另外在哈勒和马格德堡都有分部。它们的三个重点科研方向是“土地利用、生物多样性和生态系统服务（可再生能源）”“水资源可持续管理”及“化学物质对环境与健康的影响”。

→长期性课题

UFZ 近年建造了一系列大型实验基础设施，用于长期开展相关的气候变化及土地利用影响的研究，填补实验室和实地研究之间空缺。全球独有的 GCEF 研究的是“土壤和陆地生态圈中生态过程之影响”。借助于亥姆霍兹陆地环境观测网络项目中的移动式水环境测量平台（MOBICOS），UFZ 科研人员可以很好地研究德国中部河流的变化情况。在“莱比锡河流实验”项目中，他们开凿了 47 条 14 米长的人工河沟以评估农药对河流的影响。

→表彰认证

UFZ 被评价为“环境与家庭友好”——它自 2005 年起通过了“EMAS Ⅲ”标准的认证，这是对公共科研机构的生态检查，自 2014 年起通过“职业与家庭”达标认证。

全球变化实验设置（Global Change Experimental Facility，GCEF）
图片来源：UFZ/A. Künzelmann

知识创造价值

亥姆霍兹吉斯达赫特材料与海岸研究中心（HZG）

解决船舶能源供应问题，这是1956年在汉堡成立造船业与航运核能利用协会（GKSS）的初衷。奥托·哈恩（Otto Hahn）号实验船在1968~1979年就采用了GKSS研发的核动力系统。而这个机构本身则早就不是“昨天”的模样了，“今天”不再涉核也跟造船毫无关系。亥姆霍兹吉斯达赫特材料与海岸研究中心（HZG）现在的研发活动聚焦于另外的与科学、经济和社会发展更贴近的关键主题：如新式的轻质材料、与原材料及医学研学相关的功能材料、环保技术、未来气候及海岸环境与海洋环境管理等。

覆盖基础研究至创新的全价值链——HZG的海岸研究在这条指导思想下研究居民区与工业产业区全球性向沿海地区扩张所带来的挑战；研究如洪水等自然灾害，因为全球近一半人口都聚居于距海岸不到100千米的地域之内。气候变化、物流和海岸生活带都需要进行专业化的管理，对相关问题开展科学跟踪与研究成为HZG科研人员的重要任务之一。他们的目标是通过观察、分析与建模从而更好地了解自然过程及人类活动对海岸的影响。

Ludwig Prandtl号科学考察船的重点工作区域包括受潮汐影响的北海和波罗的海地区
图片来源：HZG/C. Schmid

HZG正在研究激光焊接轻质合金构件
图片来源：HZG/C. Schmid

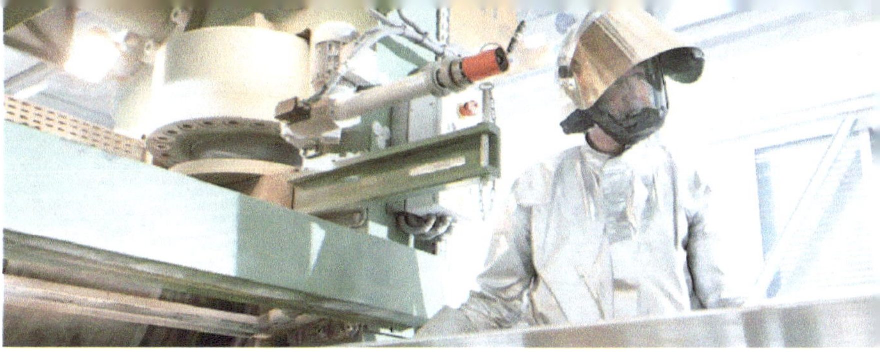

铸压新工艺：采用镁板可使车辆更轻便
图片来源: HZG/C. Schmid

轻便的材料

在材料研究领域，HZG的科研人员研发与测试轻质的功能化材料，总的原则是要节省原料和能源资源。材料学研究的任务清单涵盖了合金技术开发、新式成型和加工技术，直至对所得新材料的标定和检测。除开金属材料之外，这里也做用于水净化和减少船舶废气排放的高分子聚合膜材料。最新增加的研究方向还包括高分子和金属的生物材料。这些材料将用于医学临床，如做成医用植入物或者用于促进细胞与组织的再生。

HZG的研究已融入国家和国际的科研协作网络，融入科技界和工业界伙伴共同组建的团队中。HZG也是单位所在地经济与社会发展的发动机：这里每年向吉斯达赫特地区提供约30个名额的职业教育，培养企业销售、技术制图员和工厂技师，这去年也使HZG成为本地最大的培训机构之一。

HZG以自身的历史发展，展示了一个科研机构如何适应社会发展与需求的变化而继续发展，是跟踪时代潮流实现成功转型的典型范例。

机构一瞥

→各种数字

HZG有

· 来自57个不同国家的950名员工；

· 4个研究所：生物材料研究所、海岸带研究所、高分子材料研究所和工件材料研究所；

· “气候服务中心2.0”，提供气候变化领域信息与咨询服务的平台；

· 除了在吉斯达赫特的本部外，在柏林郊区泰尔托有研究所，在汉堡和慕尼黑还有外设机构。

→家庭友好

自1999年起，HZG就实行灵活的弹性工作时间，允许在家远程办公；2007年，HZG还开办了单位内部的每天接送托儿所；2014年，该中心第三次通过Hertie基金会下属的“职业与家庭公共福利股份有限公司”的评审，并获得“职业与家庭”通过证书。

→面向未来

2001年，在HZG的科研园区成立了吉斯达赫特创新与技术中心（GITZ），创新与技术中心主要是向新创办企业和技术型的初创企业提供全面的企业服务与咨询，如何度过初创期、如何发展壮大。一些HZG的前科研人员也活跃在这里。

易北河畔吉斯达赫的HZG本部
图片来源：HZG/B. Kuhn

未来的医学

亥姆霍兹慕尼黑中心暨德国健康与环境研究中心（HMGU）

我们为什么生病？我们还能健康多长时间？环境和生活方式对于健康有什么影响？我们的遗传基因有什么问题？我们该怎样生活？亥姆霍兹慕尼黑中心面对的就是这些问题。它们涉及全民的身体健康与精神健康。为搞清楚这一切必须首先着手研究常见病。德国的常见病主要包括心脑血管疾病、癌症、糖尿病和老年痴呆病及呼吸系统疾病与腰背疼痛。它们除了影响患者的健康和产生高额的医疗费用外，还经常导致残疾、误工及看护服务，并因此带来巨大社会的和经济的后果。

常见病的产生及发展是个体自身的风险因素与生活方式和环境条件共同作用的结果。因此，为了搞清楚人们的健康情况，亥姆霍兹慕尼黑中心的科研人员将生物医学与环境相关因素及遗传缺陷等因素综合在一起，分析这些因素的直接作用和相互之间的关联。从这个角度切入健康研究，这在德国科研单位之中可以说是独一无二的。科研人员的任务是：

- 早期识别有损健康的各个因素；
- 澄清疾病产生的根源；
- 制订新的诊断、治疗和预防措施。

亥姆霍兹慕尼黑中心聚焦于物质代谢研究及由此而来的肥胖症和糖尿病，还研究呼吸道疾病和由空气粉尘与花粉所带来的过敏反应，这些常见病的研究会涉及生活和环境的方方面面。亥姆霍兹慕尼黑中心不仅限于基础研究，也越来越重视怎样具体指导生活、改善健康。

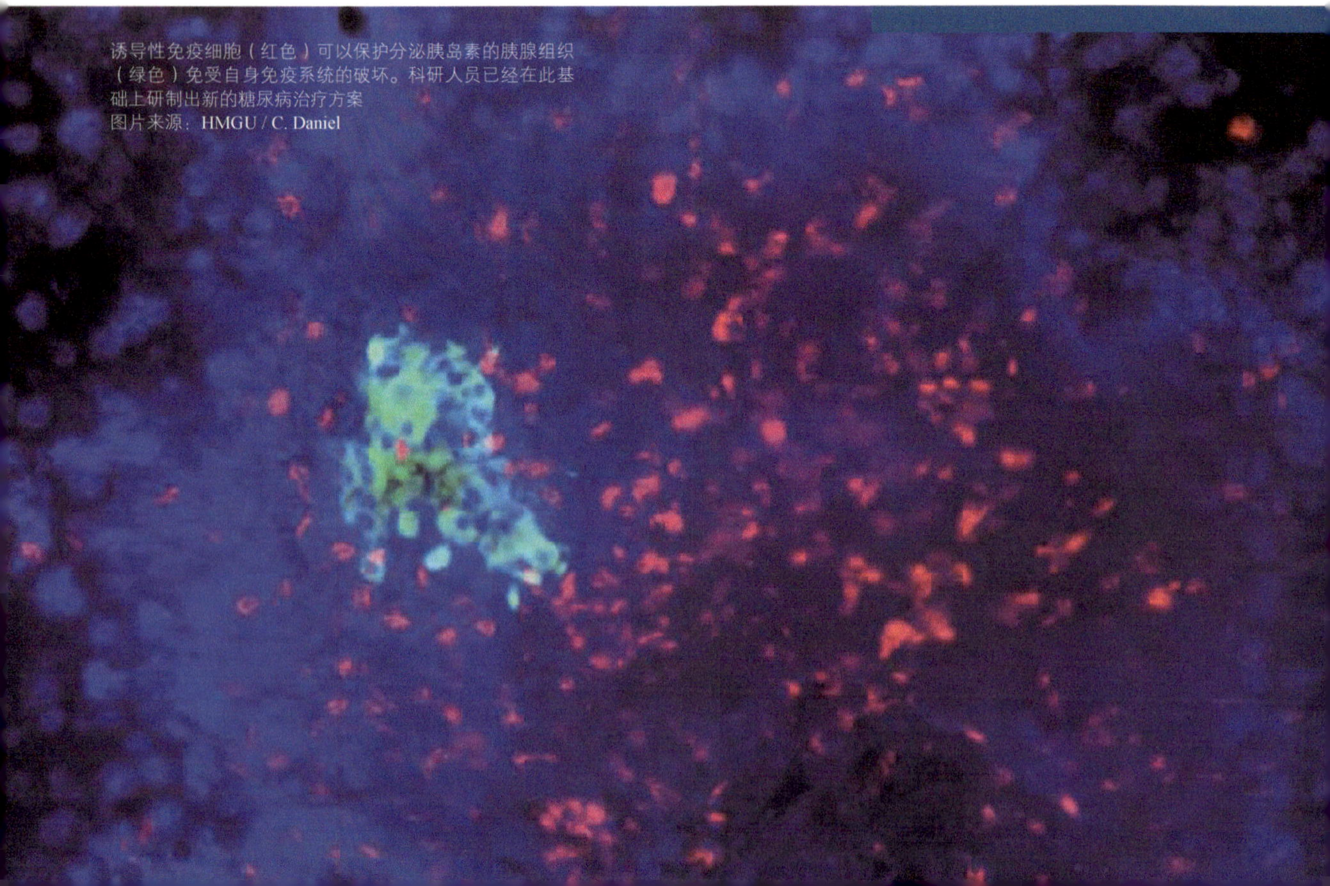

诱导性免疫细胞（红色）可以保护分泌胰岛素的胰腺组织（绿色）免受自身免疫系统的破坏。科研人员已经在此基础上研制出新的糖尿病治疗方案
图片来源：HMGU / C. Daniel

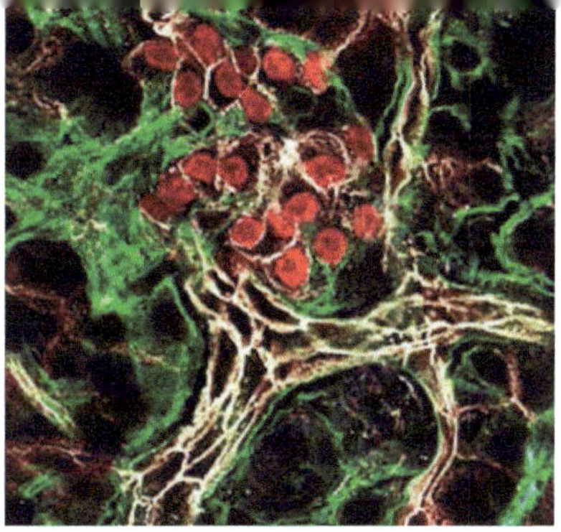

胰腺中的β胰岛细胞：它们负责分泌控制血糖水平的荷尔蒙胰岛素。科研人员正在通过组织再生的渠道和药理学手段改善胰岛素的分泌和影响

图片来源：HMGU/H. Lickert

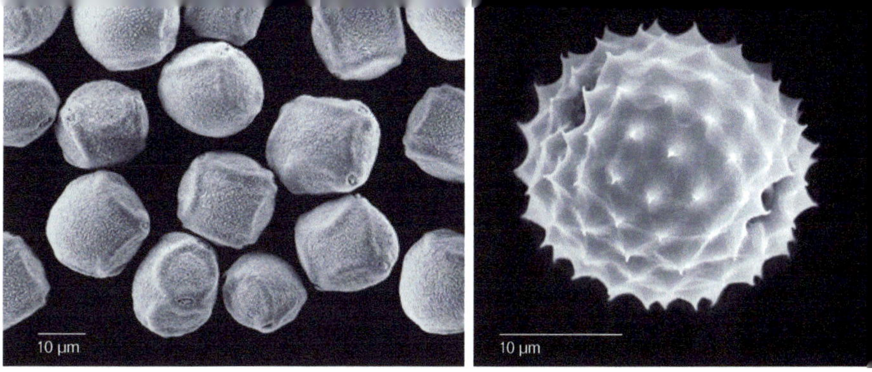

电子显微镜下的桤木花粉（左）和豚草花粉（右），过敏来自于免疫系统对花粉中某些蛋白质的应激反应。在亥姆霍兹慕尼黑研究中心的科研人员研究环境因素如何影响花粉的侵略性

图片来源：HMGU /J. Buters

个性化医疗

凭借充分了解病人和病情，未来医学将走向个性化和“私人订制的医疗服务”。更好的预防和治疗措施将开发出来并用于临床，目标是对单个病人做到更有效更安全。为此，亥姆霍兹慕尼黑中心在转化医学的理念下与医院开展密切合作，打通了用最新技术治疗病人的渠道。

亥姆霍兹慕尼黑中心科研人员最新发表的研究表明：呼吸道感染与Ⅰ型糖尿病之间存在关联，而居住环境因素与一些疾病也有关联，后者包括Ⅱ型糖尿病和心功能障碍。同时，亥姆霍兹慕尼黑中心的科研人员还证明，降血压药物会对整个人体产生复杂的影响，而各种不同的代谢激素具有药理作用。这些及其他研究都深刻揭示遗传、生活方式和环境之间有着复杂的关系，而理解这些关系对于今后有效预防和治疗疾病将会非常重要。

机构一瞥

→各种数字

亥姆霍兹慕尼黑中心拥有

- 2200多名员工；
- 从事研发的科研人员占77%；
- 分布在40个研究所和部门；
- 团队分布在10多个地点；
- 每年在国际专业刊物上发表1000多篇科学论文。

→跟市民同在

亥姆霍兹慕尼黑中心参加了德国国家阵列研究——全联邦最大的民众健康调查，并负责生物样本的保存

→免费和通俗易懂的服务

民众能受益于亥姆霍兹慕尼黑中心的研究：2011年启动的肺病信息服务中心和2012年启动的慕尼黑糖尿病信息服务中心，透过互联网向社会、向患者和家属及感兴趣的单位提供关于肺部疾病和糖尿病的最新科学相关信息。

亥姆霍兹慕尼黑中心科研园区

图片来源：HMGU

从地核到太空

亥姆霍兹波兹坦中心暨德国地学研究中心（GFZ）

在 2004 年的圣诞节，一场大海啸席卷印度洋海岸；2010 年，冰岛艾雅法拉火山喷发，使整个欧洲航空运输瘫痪了一周，地震也不时地发生在世界不同的角落。这些自然灾害都来自我们这颗星球地下动力学的发作。

地球是个构造十分复杂的系统：亥姆霍兹波兹坦中心暨德国地学研究中心（GFZ）的科学家聚焦于地球系统的研究——这颗人类居住和赖以生活的行星。他们的科研工作让我们有了更好的自然灾害预警系统及地质开采技术。

GFZ 的专家重构了地球：地球是怎么产生的？各个时期发生及怎样发生了哪些重大事件，才使之变成今天的样子？GFZ 的科研人员为此研究以下这些地球的子系统——从地壳至深处的地核、岩石和矿藏、海洋和湖泊、冰川和山峦、大气层及生物圈之间的相互关系与相互作用。

GFZ 有来自各个不同地学的科研人员：从大地测量到火山学、地震学直至地质工程学，而且还与其他的如物理、数学和化学等理学学科及工程学、岩石力学、工程水文学、工程地震学等工程学科开展合作。此外，GFZ 还在以下领域拥有多项顶尖的专业技能，包括卫星及遥感方法的开发和应用、再建地球的地层图或横截面，以及为了实现对地球系统更好地建模而进行的科研钻探。

“波茨坦重力马铃薯”突显了地球不均匀的重力场分布结构
图片来源：GFZ

印度洋海啸预警系统的建设，为极短的预警时间而采取了特殊的创新方案
图片来源：GFZ

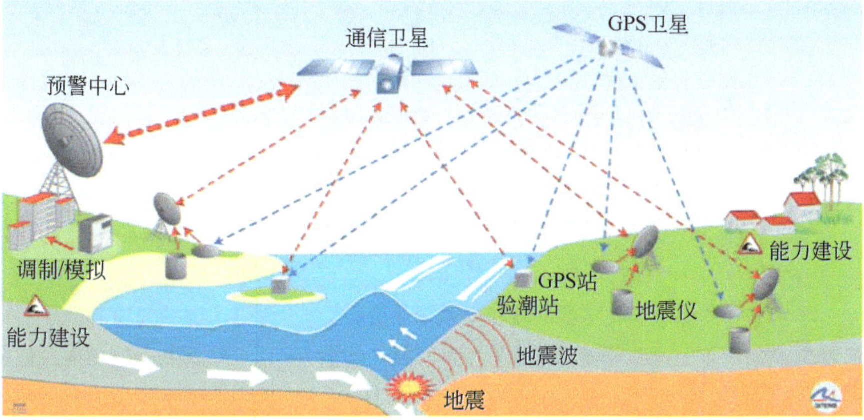

即便无法防止，需要更好保障

GFZ 的科研活动目的是了解地质结构中的各种交错咬合的因果链，其中也包括全球变化的影响及人与环境的相互作用等问题。人类的活动如何干预了自然过程？哪些行为怎样并在多大程度上影响到了环境？人类可以怎样可持续地与自然界友好相处？

随着世界人口的不断增长，对地球的诉求也越来越旺盛。一个日益依赖于复杂基础设施的社会在面对自然灾害时也会更加脆弱。为了对地球的可持续利用并减少和防止破坏，现在必须多国联手共同采取应对措施。

GFZ 科研人员的贡献在于：地学将是在未来几十年解决全球性供应保障的主流学科，地学科研的相关基础设施和仪器装备十分关键。在“地球系统的管理”的课题中，包括了从地热利用到气候研究直至用于地球观测的专门的卫星计划。地学研究是保障人类生存的不可或缺的一门学科。

机构一瞥

→各种数字

GFZ 成立于 1992 年，拥有

· 1177 员工，其中 458 名科学家，198 位博士研究生，146 名客座科学家；

· 本部设在波茨坦；

· 外设分支机构有波茨坦以南的阿道夫 · 施密特地磁观测站，拜伊罗特附近温蒂希斯辛巴赫 KTB 地下深部实验室，慕尼黑近郊韦斯林的“全球地学监测和重力场”团队。

→警报响起

在 2004 年圣诞节第二天，25 万人在印度洋海啸灾害中丧失了生命。德国和联合国立即反应并迅速提供救援支持。作为德国政府向受害者提供的一个政府援助项目，亥姆霍兹波茨坦中心牵头多个亥姆霍兹科研中心，为印度洋合作开发了海啸预警系统。2005~2011 年，以 GITEWS（德国 - 印尼海啸预警系统）为核心单元，印度尼西亚建成了一个现代化的海啸预警系统。2010 年该系统通过了国际专家委员会的积极评估，并于 2011 年 3 月全部移交给印度尼西亚。目前，印度尼西亚拥有世界上最现代化的海啸预警系统，并承担了印度洋一带的“区域性海啸预警服务”（Regional Tsunami Service Provider，RTSP）任务。

在主办公楼前树立的来自各个大洲的岩芯形象地反映了GFZ的全球性的科研活动
图片来源：GFZ

丰富的科研活动融为一体

卡尔斯鲁厄理工学院（KIT）

丰富多彩的课题、更多的成就和学术职业机会：这就是卡尔斯鲁厄理工学院（KIT）为人们展示的科研与教学相结合的新前景。KIT 成立于 2009 年 10 月，是由原亥姆霍兹联合会的卡尔斯鲁厄研究中心与卡尔斯鲁厄工业大学（TH）合并组成的——这一大胆的改革尝试使得一所著名理工大学与一个知名大型研究机构实现了组织形态上的联合，开辟了教研结合的新途径。在全联邦和国际上诸多关于德国科研机构和高等学校的排名表中，KIT 都名列前茅。

KIT 的研发工作直接吻合了亥姆霍兹联合会的 13 项科研专题，其主题涉及超级计算、核聚变与核废物处置直至气候、宇宙和可再生能源等。

分门别类的科研活动

秸秆制备的燃料：把稻草或木材废料等生物质废弃物通过 bioliq® 中试设备转换成用于发动机的环保的合成燃料。通过分散式的预处理过程，优化了收集和利用农田材料的价值链条，也避免了与粮食和饲料争夺土地的情况发生。

解决海量数据处理问题：拥有数千个处理器芯片及总容量超过 20PB 的硬盘和磁带的卡尔斯鲁厄网格计算中心（GridKa）超级计算机，是国际计算机网络的 11 个全球节点之一。GridKa 主要用来处理由欧洲科研中心（CERN）世界上最大粒子加速器、大型强子对撞机（LHC）产生的海量数据。

用世界上最灵敏的天平KATRIN测量中微子的质量
图片来源：KIT

通过bioliq®中试示范装置，可以用7吨秸秆制备1吨燃料。
图片来源：KIT

操纵活体系统：在生物界面项目中，生物学家、化学家、物理学家、IT 专家、工程师和数学家携手透过生物界面影响和观察生命系统中最小的有“活性”的生物单元——细胞。该项目在基础研究与开发及应用导向的技术和产品之间搭设了桥梁。

未来的旅客和货物运输：KIT 的科学家致力于进一步对当下移动系统的研究并拓展新的内容。一个研发重点是人、车与基础设施间的相互作用。

另一个研发重点是保障人类生存的基础条件：如气候与环境变化、人口变化、技术与经济发展等因素对于未来的空气、水和食品的质量影响。KIT 的科研人员正在研究当前环境问题的解决方案，同时，也关注对各种新变化的适应性技术。

所有这些，都需要工程与自然科学家及人文和社会学家紧密协作、合作研究。正是有了广泛全面的跨学科合作，KIT 才能应对从基础研究到新技术的开发与应用，乃至人与技术的关系等各方面复杂问题。

机构一瞥

→各类数据

KIT 拥有

· 约 9400 名员工；

· 超过 6000 多人从事科学与教学活动；

· 拥有 24 500 多名在校学生。

KIT 作为创新发动机，仅在 2013 年就申报了

· 129 项发明；

· 52 件专利；

· 创办了 25 个科技型企业。

→成果与奖励

有历史传承的前沿研究：KIT 及其前身贡献了 6 名诺贝尔奖获得者，除第一位是物理奖，其余全是化学奖，具体如下。

1909 年诺贝尔物理奖 费迪南德・布劳恩（Ferdinand Braun）；

1919 年诺贝尔化学奖 弗里茨・哈伯（Fritz Haber）；

1939 年诺贝尔化学奖 利奥波德・雷吉卡（Lavoslav Ružicka）；

1943 年诺贝尔化学奖 格奥尔格・冯・赫维西（Georg von Hevesy）；

1953 年诺贝尔化学奖 H. 斯陶丁格（Hermann Staudinger）；

1987 年诺贝尔化学奖 让 - 马利・莱恩（Jean-Marie Lehn）。

在KIT的北校区有包括KATRIN、Bioliq和ANKA同步加速辐射等大型科研设施
图片来源：KIT

拯救生命的分子

马克斯·德尔布吕克分子医学研究中心（MDC）

传统医学根据临床症状观察病情，但是，为确诊许多疾病的致病原因经常需要知道其中的分子过程，为了治疗疾病，需要确认有效成分的结构。位于柏林布赫的亥姆霍兹马克斯·德尔布吕克分子医学研究中心（MDC）就致力于这样的研究，而且跨越了 80 余年的历史。早在 20 世纪 30 年代，柏林布赫的德国威廉皇帝脑科学研究所开启了分子生物学和遗传学研究的基础；第二次世界大战结束后，这里成了一个把基础研究与临床实践相结合的重要的科研基地；在经历两德统一之后的 1992 年，在过去的科研团队基础上，建起了马克斯·德尔布吕克分子医学研究中心。

MDC 重点是透过基础研究认知疾病，集成了多种不同的研究方法：如生物组织模型、系统生物学、定量法及计算生物学等手段。MDC 把包括新的诊断方法、疾病治疗和预防手段等研究成果尽可能迅速地用于医疗实践。经过 20 年的时间，MDC 已发展成为具有很高国际知名度的研究中心。据美国传媒巨头汤姆森路透集团评价，MDC 是排在全球最优秀分子生物学和遗传学研究机构 20 强名单上唯一的德国科研单位。

为阐明健康与疾病的分子学机制，MDC综合了各种不同的方法。研究人员正在用电生理设备测量神经系统里的信号传输

图片来源：MDC

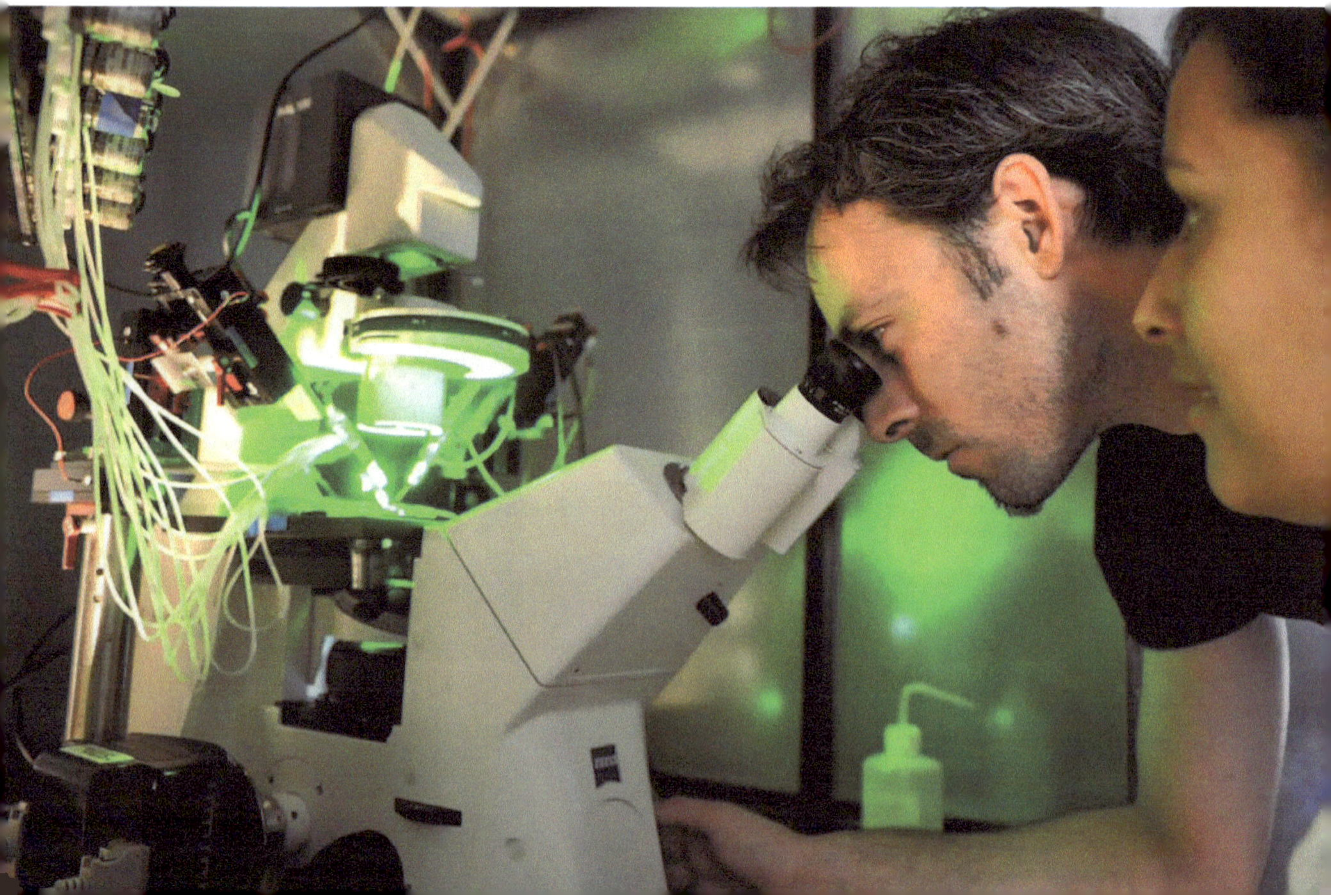

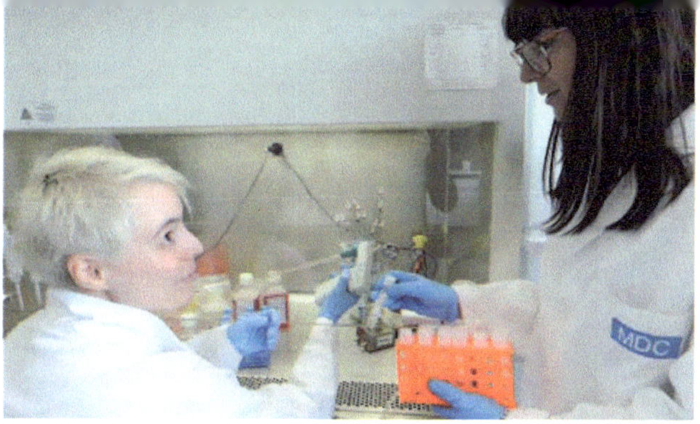

马蒂亚斯·塞尔巴赫（Matthias Selbach）“蛋白质动力学”团队从事蛋白质研究

图左是在准备细胞培养，图右是用质谱仪测量蛋白质
图片来源：MDC

基础研究成果到底可以多么快捷地用于医疗实践，可以用 MDC 发现的肠癌转移基因（MACC1）为例说明——这是 MDC 科学家团队与做病理的同行从结肠癌患者的组织样本中发现的，该基因能够促进癌症细胞的生长和扩散转移；当 MACC1 的活性度低的时候，结肠癌患者就会比那些 MACC1 活性度高的患者有更好的生命期望。在该项研究中，MDC 的科学家乌尔里克·斯坦恩女士（Ulrike Stein）与同事一起开发了基于 MACC1 的一种血液测量方法。该方法有望用于早期发现那些高风险的患者，如果他们不立即做化疗的话，就有很大的复发危险，因而要立即采取措施而不要耽误病情。他们的研究还表明，MACC1 不仅是判断罹患大肠癌转移风险的一个重要生物标志物，而且也适用于其他许多类型的肿瘤。

合作的典范

MDC 自从成立之日起，就与柏林夏里特临床医学院合作，首先是基于项目合作，2007 年设置了共同的实验与临床研究中心（ECRC），继而又在 2013 年合作成立了柏林健康研究院（BIH）。柏林健康研究院是希望把夏里特医学院和 MDC 合并起来，从而打造一个更好的面向转化学和系统医学的合作科研平台。在科技政治层面，柏林健康研究院作为高校医学院与亥姆霍兹研究中心之间机构化合作的尝试，受到全德国的高度关注。

机构一瞥

→各种数字

目前 MDC 拥有

- 1600 多位包含客座科研人员在内的员工；
- 58 个独立的科学家团队；
- 4 个科研重点方向：
  - 心血管疾病；
  - 神经系统的机能障碍；
  - 癌症；
  - 系统生物学；
- 13 个不同门类的技术平台。

教育和培养

MDC 特别重视对各个年龄段人士的教育和培养。“玻璃实验室”为从幼儿园到高级中学各个年级的孩子提供生命科学领域的相关教程；学校的老师也可以通过“实验室遇上老师”的专门计划接受培训。在专家层面，MDC 设有博士生计划、博士后深造计划，对希望自己科研团队与 MDC 开展合作的临床医生提供培训计划等。其目标都是要为社会培养受过良好教育、有责任意识的科研人员。

柏林布赫的MDC办公及科研楼区
图片来源：柏林布赫园区

把太阳之火搬到地球

马克斯·普朗克等离子体物理研究所（IPP）

约翰·沃夫冈·冯·歌德曾在他的诗中这样写道："当我们沐浴阳光的时候，一切烦恼尽皆消失"。坐落于格赖夫斯瓦尔德的马克斯·普朗克等离子体物理研究所（IPP）也在仰望太阳——光芒四射的太阳是IPP科学家模拟的对象，他们要在地面上建造人工太阳。

太阳及所有发光的恒星的能量都来自核聚变，在核聚变过程中多个原子融合成一个新原子核。为此需要极高的温度：太阳内部的温度高达1500万摄氏度。物理学家掌握了核聚变的原理与过程已经很长时间，他们希望用这种办法为人类获取能量。目前建于法国的国际热核聚变实验堆（ITER）即将运行——人造太阳之火将实现首次自持独立燃烧。核聚变发电站几乎能解决能源供应的一切问题：首先，有别于会用尽的化石燃料，核聚变的原料几乎取之不尽；其次，核聚变发电站将不会产生影响气候的温室气体，也比现有的核电站更加安全。

一般而言，在核聚变过程中需要由氢的同位素氘和氚构成的混合燃料加热到1亿摄氏度以上。为了使高温的极稀薄的等离子体不至于因为碰到容器壁而立即冷却，必须借助强大的磁场把等离子体约束起来，把它限制在与容器壁隔开的"笼子"里。

核聚变实验装置升级版ASDEX的等离子体腔体
图片来源：IPP / V. Rohde

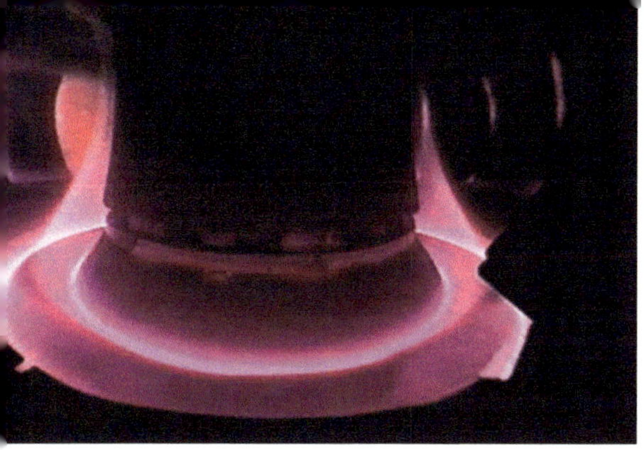

ASDEX 升级装置实验中产生的1亿摄氏度超高温等离子体
图片来源：IPP

正在安装中的“Wendelstein7-X”（简称W7-X）核聚变装置
图片来源：filser IPP / W. Filser

一个方案两条路径

磁约束的核聚变有着“托卡马克”和“仿星器”两条不同的技术路径。在外行眼里这两个装置初看上去颇有相似之处——都像由电磁线圈缠绕起来的巨大的甜甜圈，二者的区别只在于磁场结构和形状。但仅从理论上无法判断二者的优劣，所以必须通过实验予以检验。

IPP 是世界上唯一同时就两种类型的装置开展核聚变实验的科研机构。9 米高的“托卡马克”ASDEX 升级装置建在加兴；经多年建设，造价不菲的“仿星器”7-X 主体结构于 2014 年落成在格赖夫斯瓦尔德——这座迄今世界上最大的“仿星器”于 2015 年正式投入实验运行。

科研人员希望，核聚变能在 21 世纪中叶实现向人类提供可持续的能源供应。人类随后离歌德所描述的“沐浴阳光”的时代就更进了一步。

机构一瞥

→各种数字

IPP 是德国亥姆霍兹联合会的共管单位，它是欧洲聚变研究计划的重要伙伴，目前拥有：

- 1100 名员工，其中，400 名科学家和众多的客座科研人员；
- 科研机构分设在加兴和格赖夫斯瓦尔德两地。

→体育活动

思考多的人相应地也需要更多的运动，IPP 科研人员为此成立了等离子体物理运动协会（SV）。在 1994 年，加兴组织了第八届欧洲科研机构体育协会（ASCERI）的运动会。

→音乐活动

IPP 的加兴交响乐队吸收了本地各个研究所爱好音乐的大学生和研究人员以及周边音乐爱好者。该乐队每年都举办两场音乐会。

马普等离子体物理研究所。
图片来源：R. Munzert

原书版权信息

Herausgeber

Hermann von Helmholtz-Gemeinschaft
Deutscher Forschungszentren e.V.

Sitz der Helmholtz-Gemeinschaft
Ahrstraße 45, 53175 Bonn
Telefon 0228 30818-0, Telefax 0228 30818-30
E-Mail info@helmholtz.de, www.helmholtz.de

Kommunikation und Medien
Geschäftsstelle Berlin
Anna-Louisa-Karsch-Straße 2, 10178 Berlin
Telefon 030 206329-57, Telefax 030 206329-60

V.i.S.d.P.
Jan-Martin Wiarda

Texte
Cornelia Reichert et al./Wortboten,
Carsten Kolbe-Weber/Dr. Kolbe Kommunikation,
Kilian Kirchgeßner, Angela Bittner

Gestaltung
Michaela Gleinser, Kommunikationsdesign,
Heidelberg

Druckerei
Gotteswinter/Aumeier, München

Druck
2.000 Exemplare
Stand: April 2015

ISBN 978-3-00-049157-3